U0029744

第九封信 · The Ninth Letter

層疊累積，自己的聲音

入秋後，懸掛在陽台的風鈴，常在晨晚被輕風吹得「叮鈴~叮鈴~」響，有時輕敲幾聲，有時連響長串，聽及常感舒心，是家中和自然相連的通透節點。

而那風和聲響，也會把時空拉回到兒時住家的巷弄裡：傍晚，幾個孩子穿著拖鞋奔跑玩鬧，來回沓雜的腳步聲，伴著遊戲時的呼嘯話語，在漸帶有涼意的晚風中，悠悠緩緩吹送進窗內。

涼風、奔跑聲、歡快，自此內建成為我不自覺的「家音景」。直到在他處再次聽聞近似聲響，大腦進入聲音記憶庫查找，身體便自動回放記錄此音景時的季節、體感和情緒印記。

這種重返現場的感官連結，「被認為不在認知控制範圍內，是一種自動響應」，是每個人的隱形開關按鈕。

我認為，聲音之所以迷人，就是這些可控和不可控的幽微處，讓聲音不僅是一種物理現象，而是能浸潤其中的無形編碼，組合成因人各異的象徵意涵，層疊累積為「自己的聲音」。

主編 董淨瑋

夏日記憶

in 新北石門

白露過後，夏季就慢慢地、悄悄地退場。

慶幸前陣子疫情有所趨緩，讓大家都能稍微外出活動，雖然還需要戴著口罩，但至少行動恢復些許自由。為了感受夏天僅存的氣息，我們也趁隙去了幾次海邊，赤著腳踩踏在好久不見的沙地和浪花，將身體浸入海水裡，吸取大地能量；也抓緊孩子開學前的空檔來到東部，光是看著太平洋的湛藍，身心就瞬間充飽電。

回到台北，一有時間又忍不住往山林裡鑽。其中一天走訪淡蘭古道支線的草嶺古道，雖然行前就知道，走到山頂埡口處時可遠眺龜山島海景，但實際到達看到映入眼底的畫面，還是忍不住驚呼啊！

無論疫情如何，山和海始終都在原處。一想到這點，內心就能平靜下來了。

時刻 MOMENT

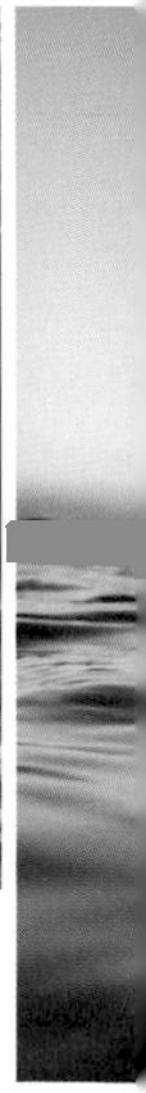

盛琳

bibieveryday 主理人，在與小男孩和小女孩的日日生活中持續修煉著。

Evan Lin

攝影師、策展人、兩個孩子的爸爸，穿梭在工作與生活中的多重身分。

日常工作風景

in 花蓮富里

這次的工作帶我去哪裡呢？每年8～9月，是金針花盛開的季節，從富里平地仰頭，就能看見遠方那座金黃色山頭——六十石山。

一個炎陽高照的早晨，我開了一段陡路，轉過幾個大彎道，台9線上的稻田、秀姑巒溪，離我越來越遠……突然眼前跳出一塊塊的金針地毯，有黃有綠，配上藍天白雲，實在太不真實。我深深吸了一大口冰涼的空氣，啊，準備上工！

當天跟著在地農友腳步，走進遊客止步的地方，拍攝採收和烘乾

金針。時間很趕、節奏很快，在短暫的拍攝時間裡，我必須專注從各種面向找尋最佳畫面。氣喘噓噓的爬到山頂，盤旋頭頂的大冠鷲離我更近了，靜靜等待，搭配農友的採收動作，用真心和厚臉皮在短時間內和他們建立關係，在每一個快門聲下完成拍攝。

　這就是我的工作，用攝影建立連結，它總是帶我去到不了的地方，第一次感到無比平靜也是在鏡頭後方。我在大二那年就愛上了，那時就偷偷決定將來要成為一位攝影師。

林靜怡

宜蘭頭城人，現居花蓮壽豐，住在被山林擁抱和溪流洗滌的地方，與四隻狗二隻貓一起生活，創立「大樹影像」是希望能為被攝者留下些什麼，並讓世界溫暖一點。

是涼亭

in 蘭嶼野銀

因為一本蘭嶼專書的關係，總算讓我逮到機會，踏上這塊離我最近、卻一直沒有到過的人之島嶼；雖然中間經歷了幾次疫情與颱風干擾，但延期也只是一種累積期待的過程，好讓我在達悟族的文化裡看到更多細膩。

蘭嶼不大，但只有五天四夜的採集時間，對於一本關於文化的專書來說，是稍嫌短了些。因此從我登島的那一刻開始，就是沒日沒夜的追著畫面跑，眼球是不間斷的掃射周遭，一點都不想放過任何關於蘭嶼人的生活細節。

對於像我這樣的外地人來說，在這裡的交通工具無疑是摩托車，但我早已無法計算到底騎了多少里程數……緊湊的行程加上

建築 BUILDING

瞬息萬變的海島型氣候，無疑是在跟天氣賽跑，早上才被太陽晒昏頭，午後的滂沱大雨卻快的讓我們措手不及。

好在島上沿途設置許多公用的涼亭，讓我們有一個能遮風避雨躲太陽的好地方，晚上再到蘭嶼朋友家中的涼亭喝點小酒，討論隔日的採訪規劃，當然也能聽到蘭嶼人的生活故事。涼亭的族語是tagagal，是蘭嶼人傳統的基礎建築，達悟族是大海民族，因此在過去，每家每戶基本上都設有這種可以看到大海的私人空間，涼亭是觀測氣候的瞭望台，是族人之間的會議室，也是屬於自己家中的靜思亭。

最後一天的早上，我抓了一個

小小的空檔，在民宿老闆建議下走到最近的野銀沙灘看看，他開玩笑的說，那裡有個「熱」門涼亭，到了現場才明白那個「熱」是什麼原因。

原來涼亭根本沒有屋頂，但來到這裡的族人或旅人照樣跟我一樣頂著豔陽納涼，雖然依目前狀況是沒辦法涼快到哪裡……但我想，早晨要下海的捕魚人，或晚上前來觀星的朋友們，仍會脫掉鞋子，撥撥腳底的沙，靜靜的待在這個露天涼亭，可以望向海上的潮目，可以三五好友相約小酌，還可以躺著擁抱夢幻星空，雖然是個受損的公有涼亭，但也沒有完全失去原本功能。

我在蘭嶼島上東奔西跑了五

建築 BUILDING

天，觀察分布在各部落裡的涼亭，或許有的已殘破不堪，也有的仍屹立不搖，還有部分直接改為水泥結構；無論新與舊，我都喜歡這些涼亭被建築出來的緣由，因為那是為了達悟族的傳統，為了與家人相聚，為了能看見大海。

邱家驊
躲在恆春十餘年的影像人，拿著釣竿就住海邊，不時也爬進山裡砍柴玩石頭。攝影是工作更是生活，快門之前是積累的日常感受，快門之後將消化成未知的養分，回饋給自己。

用電音與茶尋找 wabisabi

in 嘉義梅山

「梅山人都瘋瘋的啊！不過我媽更瘋，全梅山都知道，真的啦！」才剛坐下，阿官便語出驚人。但「瘋」這個形容，確實也跟我認識的阿官很像——隨性而至、自由而當下。

阿官喜歡電子樂，組了一個實驗性電子樂團「野莓玻璃罐」，不同於古調古謠的傳統茶席，他們喜歡結合電子樂演出的茶會，帶著人們在電音中與茶香中尋找wabisabi。

「我最早的想像是開一間茶館，放電子樂。」這想法不只是天馬行空，阿官有自己的一套說法。茶道談「一即一切」，在一個茶碗裡，可看到一整個世界觀，而不同的茶，原料可能來自同一種，只是透過不同的製程、組合，呈現為不一樣的茶，而那跟他們的音樂很像——「去發現當下我們旁邊有什麼，然後利用這些去組合成我們的音樂。」

於是在他們的電子樂茶席裡，

阿官泡茶，團員即興創作，這樣的儀式感讓他們更有感覺，進而在那些音樂裡感覺到那是怎樣的一杯茶、甚至聞到茶香。

阿官是嘉義梅山茶行第二代，她卻沒有所謂茶行二代的耳濡目染，在大學畢業之前，她對茶的認識跟一般人同樣粗淺。

梅山鄉是從嘉義進入阿里山前的重要聚落，因為鄰近嘉義市與北港鎮，成為山上與山下物資的總匯之地。這裡是阿官的出生地，但她真正在梅山生活的時間並不長，國小五年級便離家到台北就讀國光藝校京劇系、因不會前空翻而休學，來到嘉義市區就讀國高中，唯有休假時才會回到梅山。畢業後，曾到台藝大念戲劇系、卻因不習慣城市

觀看　的　SIG

紛擾，轉至中山大學念政經系。一切的輾轉，好像只是為了回家的鋪陳：「大學的時候，突然就清楚知道，我有一天要回來學茶。」

於是畢業後她回到梅山考泡茶師，卻因為與爸媽之間仍有許多摩擦與不理解，決定再次離開。她回到高雄，在鹽埕市場裡租了攤位、以「官心茶」之名開始對外營業，「那是我有生以來第一次這麼常泡茶給人喝」。當然，她的瘋癲特質藏不住，計畫最後她辦了一場結合電子樂、VJ、茶席、繩縛術的告別式，送給自己。活動當天爸媽來了，他們好像看懂了什麼，於是阿官帶著有點不同的自己，與爸媽的理解，再度回到梅山。

回到梅山要做什麼？阿官說她最想的便是把外公留下的老屋整理乾淨。「我覺得不回來整理這裡，我會死不瞑目。」繞了一陣子，阿官總算說出她心裡最深的渴望，不是接班、不是推廣茶藝，就只是想要好好整理這個屋子。外公經營的三千多坪老紙廠，在爸爸手上曾為筍乾工廠、民宿以及社區發展中心，同時，也是爸媽偶爾會來生活居住的空間。

她找來朋友換宿，慢慢清理物件，也碰撞母親的界線，「因為我媽有囤物癖，他們想要我回來幫忙，卻又不想我整理他們的東西。」整理的同時，她用這裡當作「官心茶」實體店鋪，開發茶包與禮盒、製作網站，幫母親設計果乾與脆梅包裝，當然，也繼續玩著電子樂，在老屋與人合辦結合茶、音樂、肢體、療癒的派對活動。

阿官整理老屋一年，空間雖然依然雜亂，但相較過往卻已大大不同。剛回來時她說不出一定得回來的原因，後來才發現：「我身體裡面有些東西卡在這個屋子裡」，卡住的環節來自從小的各種壓抑，「那些不舒服的記憶跟這個空間的亂連在一起，整理，是一種跟我爸媽的溝通。」

清理完了嗎？我問。「嗯，可以了，我覺得我可以往下一個地方去了。」

（圖片提供／官心茶）

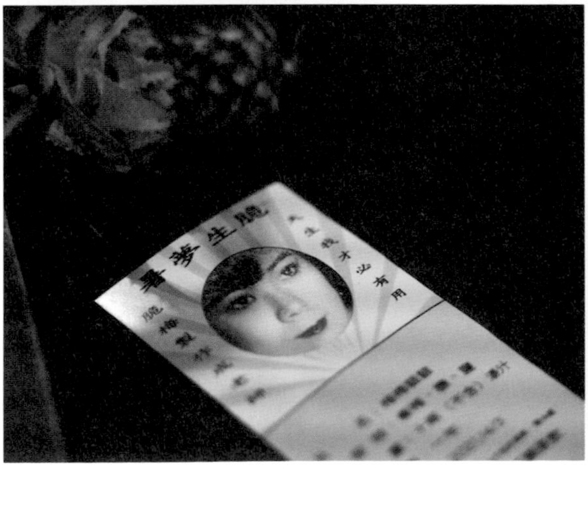

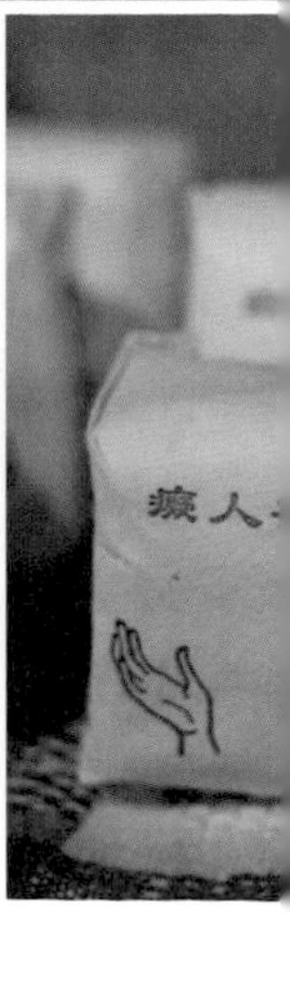

邱承漢

高雄人，喜歡拍照也喜歡寫字，更喜歡真誠的人，育有一狗兩貓。2011年將外婆起家厝改建為叁捌地方生活，用幽默感及設計參與社區，過著返鄉但持續流浪的生活。

目
Contents
次

聲音風景

Feature 特輯

時代鳴音

聲音是：

Sight 觀看的視線

Another Life 另一種可能

Inside of Place 走進地方

Grow From Land 和土脈脈

Connection Online 國際連線

請閉上眼、拉著音頻線，走過地平線、海平面的起伏綿延，
以耳帶路、透過聲音思考，和地方和文化連結，
不再只是看，而不見。

SCAPE

聆聽地方的不可見

聲音是線索，指引出人事、物產和環境，

層層疊疊，逐漸覆蓋成地方的面貌。

SOUND

聲音風景

過去和現今落在島嶼裡的聲響

時代鳴音

文字—蕭伊伶
插畫—徐小碧

蕭伊伶，曾就讀台南藝術大學藝術創作理論研究所博士班，文字散見《藝術認證》、《今藝術》、《文化研究月報》等期刊與研討會論文，著有《金釵記——前鎮加工區女性勞工的口述記憶》、《尋找蕭水妹》、《臺灣攝影家：翁庭華》及《摩登客家——姜振驤家族影像錄》。

聲音風景（Soundscape），簡稱「音景」，聲音生態學者阿蒙．費裡納（Almo Farina）在《聲音生態學：原理、模式、方法和應用》一書中指出，「音景可以被簡單定義為一種源於物理上的或生物的不同聲音，在自動或不由自主狀態下所重疊產生的聲音組合。」

生活空間中看不見卻無處不在的聽覺感官，
正是這些聲響組成了記憶、意象、文化及社會。

「音景」的概念於1960年代末期開始形構，由加拿大作曲家莫瑞．薛佛（R. Murray Schafer）進行的「世界音景計畫」（World Soundscape Project）研究為始，最初目的是描繪工業社會中的噪音污染。而後陸續推動的「溫哥華音景」（The Vancouver Soundscape）與「五個鄉村音景」（Five Village Soudscape）兩項計畫，以德國鄉村教堂鐘聲的記錄與意義展開闡述。

藉由聲音調查分析的過程發現，環境中也存在著「好的聲音」——歷史音、文化音、社會音、意象音與生物音，並加以羅列收集。聲音風景因此包含諸多視覺不可見的環境聲響，即生活空間中看不見卻無處不在的聽覺感官，正是這些聲響組成了記憶、意象、文化及社會。

依此概念，仔細查找台灣島嶼曾經出現和正在發聲的聲響，也許能以另一種感官，「聽見」不同時代背景下的社會暗流和生活現況。

現代化的聲響轟轟而來

對於台灣聲音地景的文字記錄，可以追溯到17世紀初葉，明朝儒生陳第於1603年（明萬曆31年）《東番記》中記錄的聲響包括了「擊鼓哭」與「口琴薄鐵所製，齧而鼓之，錚錚有聲」。而1696年（清康熙35年）來台灣的郁永河，也曾在〈北投硫穴記〉中如此描繪北投硫磺谷的地景聲音：「余攬衣即穴旁視之，聞怒雷震蕩地底，而驚濤與沸鼎聲間之；地復岌岌欲動，令人心悸。……轟耳不輟者，是硫穴沸聲也。」

1895至1945年進入日本殖民時期，開始帶來現代化的聲響。在縱貫公路未完成前，由於新式製糖工場運輸甘蔗，使得台灣西半部平原遍布鐵道，當時蒸汽火車與輕便車是鄉鎮居民日常上班、上課的主要交通工具；而台灣東北角也因開採煤礦礦場，同樣有著蒸汽火車鳴叫的聲音地景。

從生於1866年的清朝秀才洪棄生的《寄鶴齋詩集》，可以窺見當時「殖民現代性」所帶來的生活體驗。洪棄生為了抵抗日本殖民堅持拖著髮辮、反對解放纏足，卻為初

臨現代化的台灣寫下大量社會觀察的文字。如在〈記遊南台灣〉裡，他記錄了自彰化到高雄、屏東的旅遊路線，與乘坐的小火車與輕便車，對於路況環境、名勝事蹟、物產與經濟甚至新式製糖工場……等等所見多有描述。

　也在〈鐵車路〉中寫道：「聲轟轟，如霆雷；火炫炫，如流電。雙輪日馭速催行，回頭千里忽不見。抵掌欲笑誇父遲，輪台一日周圍遍；西人逞巧亦良危，顛蹶往往艱一線。」

聲音終能留存和再現

直到19世紀末，錄音技術的出現和蓄音器（留聲機）的發明，聲音才得以被捕捉，此前人們往往只能憑著影像與文字，追憶消散在空氣中的聲音。洪棄生也曾以文字記載：「製器者，每筩（音ㄊㄨㄥˇ）敷以電器；使人歌，歌聲為電攝筩中。他語言，亦攝之。一筩一曲，曲如其筩之數。臨聽時，置筩函上；將機鼓動，眾聲齊出。」

聲音才得以被捕捉，此前人們往往只能憑著影像與文字，追憶消散在空氣中的聲音。

日治時期的日常生活中，許多露天活動與場合都可見到蓄音器的播放，例如廟口市集、節慶儀式等，成為當時越來越普及的家庭娛樂，製造的噪音音量也因此成為被勸導的對象。１９３６年《日日新報》更刊載新竹署對噪音的防治：「市民の安息を妨ぐる，騷音防止に著手，ラヂオ、蓄音器を先づ槍玉に」（為免妨礙市民休息，首先要防止收音機、蓄音器的噪音）。

當時日常環境中的音景尚有許多，例如日月潭杵歌、田埂間農民踩踏龍骨車的水流聲、溪流邊的晨間擣衣聲、小販沿街叫賣聲、新式製糖工場裡，帶有時間提示作用的「水螺」汽笛聲，如今皆已不復見。

是意識也是武器的聲景

１９４５年國民政府來台之後，語言推行政策下，國語成為日常所聽聞的語言，日治時期的閩南語跟日語混雜的語言聲響，只能從１９３０年由美國福斯電影公司拍攝的《台灣台南廟宇慶典神明遶境紀實》影片中擷取珍貴片段。

而戒嚴時期的生活聲音，從例常的防空演習與空襲警報廣播、學校每日早晨的升旗時刻、晨操時的軍訓隊伍與軍歌比賽，到港口城市因宵禁而安靜的海岸線，無處不見黨國思想的影子。除了國歌與國旗歌，音樂課本中滿是充滿懷念大陸山河意味的意識形態歌曲，思想審

查制度使得《四季紅》、《望春風》與《何日君再來》成為禁歌，聲景成為國族主義操弄下的禁臠。

聲音因而成為可控制的符碼，尤從金門戰線1967年設立的北山播音牆可見。建於海岸懸崖邊的播音牆，是48組揚聲器組成的三層樓建築，可以將政治宣傳與信息轟炸到任何音波可及之處，心戰廣播的聲景在這裡可以是武器。

唯獨偶爾流洩的西洋流行音樂，刻劃戰後美援時期美軍帶來的物資與文化，1955年軍中廣播電台成立「中美軍人之聲」，1957年美軍廣播網製作成立美軍廣播電台（Armed Forces Radio Taiwan，AFRT），均帶來些許西洋生活的氛圍，是美援時期的特殊聲響。

工業和城市，改變日常聲響

1960年代，台灣經濟結構從農業為主的經濟模式轉向工業，「家庭即工廠」政策下，小型工廠藏身於住宅區讓機械運轉的聲音侵入了民宅，石化工業的巨響與惡臭盤據當代人回憶。而加工出口區的女性勞工除了面對機器運作聲，工廠中更時時播放著流行音樂，代步工具也從自行車演變為摩托車，生活裡開始出現公車拉鈴聲、各式車輛喇叭聲，都市中的聲響也跟著急遽改變。

進入近當代，日常生活中沒有蒸汽火車的嗚嗚巨響，沒有輕便鐵

道的人力台車更沒有牛隻，鐵路月台便當叫賣聲成為懷舊象徵，耳熟能詳的便利商店自動門旋律取代了沿街叫賣的吆喝聲。儲放聲音的容器也從百年前的蠟筒、蟲膠唱片、錄音磁帶、CD光碟到今日智慧型手機裡的ＭＰ４與數位檔案。

在街道屏氣凝神仔細聆聽，會發現每個城市都有獨特聲紋（Acoustic），車站廣播從單一國語到今天的多元族群呈現，甚至在外籍移工密集的城市，假日人潮只有聽到此起彼落的東南亞國家語言，彷彿身處異國。

與台灣鄰近的日本，日常造景中隨處可見聲景「添水」（そうず）與「水琴窟」（すいきんくつ），對於聲景的關注也較台灣為早。

１９９３年《日本音紀行——その民俗学》由山田野理夫著作出版，從民俗學面向蒐集各地聲音，同年「日本音景學會」成立並陸續推動「東京都練馬區鐘聲地圖」與14個都市的「音景源調查」等；其中「日本の音風景一百選」包括了北海道鄂霍次克海岸流冰聲、福島昭和村的織麻布聲、廣島市和平鐘聲、金澤市本多之森的蟬聲，到沖繩宇流麻市的祭典聲響……等充滿各地域印記的音景。

深受日本啟發的聲景倡議者王俊秀，也曾在新竹市推動一系列田野調查與聲景研究，１９９８年並由市民票選出「竹塹十大音景」，其後更擴及台灣全島，於２００８年提出「音景台灣一百選」初步成果，匯集了如台北「台灣第一苦旦廖瓊枝」蕩氣迴腸的哭調、苗栗馬那邦的楓葉落葉踩踏聲、嘉義朴子配天宮的電音三太子，及至花蓮佳山基地F16起降聲……等資料，作為一種保存記錄的文化資產。

其後，陸續有學者專家、田野錄音師與聲音創作者，透過生態觀察、海洋鯨豚聲學、噪音與聲景設計等面向進行蒐集與展演，也設置「聲音地圖」（Sound Map）和「聲音環境資料庫」（Sound Data projects）等平台，讓關注聲音議題的趨勢逐漸明確，並在2015年經由聲音研究和環境教育工作者的號召下，成立「台灣聲景協會」。除了聆聽大自然，當代藝術展演也在視覺之外採取聲音作為創作媒材，除了記錄更加以再現與詮釋，甚或聲音文本的考掘。

許多機器停止運轉，世界被迫安靜，
請彎下身子俯耳，就能聽到土壤下的不同音景。

停下來，俯耳傾聽

人類面對的聲音環境，隨著文明進程出現新的噪音，工業時代與資本主義下，噪音形構出複雜的權力關係，在機械不斷運轉的工廠中勞工被剝削了聽力，穿刺城市的噪音則成為日常生活中侵擾感官、充滿脅迫的霸權，只能以更貼近耳膜、更高大的音牆阻隔抵抗。人們逐漸遠離蟲鳴、風聲與鳥叫，手機鈴聲、捷運關門警鈴遠比大自然的聲響熟悉。

21世紀環保意識抬頭，儘管氣候變遷、極端氣候來臨，聲音地景的保存逐漸獲得重視。隨著土地過分開發、淺山棲地破壞造成物種的消失，只有適應了大安森林公園和校園綠地裡的黑冠麻鷺、夜鷺和白鷺的聲音留存，草鴞、石虎、金門水獺已然成為課本上的名詞。

2021年疫情席捲，許多機器停止運轉，世界被迫安靜，請彎下身子俯耳，就能聽到土壤下的不同音景。

附註 美國學者John M. Picker在《維多利亞時代聲景》（Victorian Soundscapes）一書，透過狄更斯（Dickens）、喬治·艾略特（George Eliot）、康拉德（Conrad）文學作品分析英國維多利亞時期（1837–1901年）的聲音紋理，讓讀者理解當時人們如何傾聽事物與利用文字描述聽覺感知，本文便是參照《維多利亞時代聲景》的研究方法梳理台灣17世紀至日治時期的聲音地景。

戴上耳機，聆聽台灣地圖中的日常伏流

文字—王巧惠
攝影—羅正傑

聲音是：田野紀實+混音後製+記憶共鳴

「台灣聲音地圖」計畫

2011年正式按下錄音鍵，

藝術家吳燦政展開為期十年的聲音旅程，

帶著專業收音器材浪跡全台，

採集沉潛於各個角落的聲響。

計畫即將在今年年底完結，

一路掇拾由瑣碎日常堆砌而成的聲音風景，

早已數不清環島幾周的他，

至今還在路上。

風輕輕騷動樹林，葉子飄落布滿腐植質的土壤，遠方怪手刨挖坡地，有人正以猶疑步伐走近……。各種枝微末節的聲響，經全景麥克風盡收耳底，在吳燦政的監聽耳機裡，眾聲平等而喧嘩。

流動的時空裡，尋找台灣的聲音

英國研究指出，為了適應噪音，城市的鳥鳴會比郊區的同類聲量大。吳燦政的第一件聲音作品《夜鶯》（2006年），以大量垂掛耳機流洩出的鳥鳴營造叢林感，聲音卻收自鳥店裡的籠中鳥。聽覺帶來想像與現實的悖反，令原以樂評、策展等方式參與聲音的他，就此迷上聲音創作。

意識到當代藝術之於自身歷史與現實生活的種種斷裂，吳燦政決定以田野錄音重新累積創作養分。他舉例泰國導演阿比查邦．韋拉斯塔古的電影總帶有濃烈熱帶色彩，其命題實為全人類共體的處境，「但是你知道場景在哪裡，這個『哪裡』塑造了導演的電影風格和影像概念。」

建構「台灣聲音地圖」成為漫長的十年計畫，吳燦政與各地單位合作展演、講座、工作坊，籌措經費之餘，所到之處皆可取材。他不預設目標，僅依照自己的時間、經濟狀況及行程，沿途錄下屬於這塊土地的聲音。

戴起錄音耳機，吳燦政信步收錄城市風景；若是人口較不密集的區

1

1 吳燦政在嘉蘭部落的拉冷冷大橋上進行拍攝工作。
2 配合工作邀約，記錄 Amis 旮亙樂團的鼻笛展演現場。

域，則先前往菜市場、公園或廟宇，透過這些場域觀察人類生活型態的轉變，甚至可以對應到整個社會的文化與歷史。吳燦政曾在回雲林老家過年時，沿途停靠清水、沙鹿取材，中南部菜市場多為露天，人潮騎機車轟然湧入，攤販人手一支大聲公，年節加乘下的震撼度，完勝台北設置在建物內的公有零售市場。

「你可以看到每個區域生活結構的不同，而且會因為住在那裡的人的特質，一直改變聲音的面貌。」以聲音層疊的未來考古學，對應出同一時間切面的地域性，也串連起地方發展的脈絡。

當他錄下新竹眷村榮民的說話聲，聽見的卻是話語背後的語言結構變化：「不同省份有不同的方言，但他們的語言不可能和以前一樣。為了跟本地人互動，有些用詞或講話習慣會有所調整。」見證台灣史不只有口傳故事，言說者的聲音本身就是一種歷史。

在邊界收音，用聲景與人共鳴

獨自在正午的海邊，吳燦政身旁佇立著一排直立式收音麥克風，

吳燦政經常在路途中下車取材，
這次在華源海灣架起麥克風。

陽光燦燦，沙灘上空無一人，正適合收錄不同角度的太平洋。「台東這片海其實吃掉了好多好多聲音，它必須吃掉別的聲音，讓它的海浪被聽到。我們聽到的海浪聲，其實包含了很多不是海浪的聲音。」地圖沿岸聲景有公路車流與浪潮競逐，浪潮下的海漂垃圾也有自己的聲音。

聲景在吳燦政的詮釋下，不單停留在自然聲的純粹美好，而是走進人與自然的邊界，關注整體環境的聲音組成與如何交互影響。他不斷自我詰問：「在這個自然底下，人的聲音到底在哪裡？」用聲景將聽者帶到環境現場，直面人與自然如何共存，牽引出不同專業領域的探討。

進駐南投桃米生態村的兩年間，吳燦政建立529筆聲音紀錄。由於臨近通往日月潭的中潭公路，除了當地推廣的蛙鳴等自然聲，亦不乏遊覽車流的呼嘯。他以「聽覺的生態村」發想，提議透過植栽或其他生態手法降低交通噪音，想像未必得以實踐，然而當在地相關人士展開討論，聲音已在眾人心中起了漣漪。

曾以近乎偏執的態度，錄下台北捷運站的所有聲響，全為提出一份可供研究的資料，吳燦政對聲音始終保持理性態度，唯獨回到藝術創作，當他為作品情境選取聲音媒材時，才有機會回到個人的聆聽經驗。

在影視音創作中屢被剜除的環境底噪音，成為吳燦政創作的基調，例如近期在台北美術館展出的

唯獨回到藝術創作，

當他為作品情境選取聲音媒材時，

才有機會回到個人的聆聽經驗。

作品《垃圾人》，即以深夜無人的大武海濱作為聲音媒材。在他聽來，每個地方都有專屬的底噪音，它存在於日常，所有人事物都參與其中，融合出獨有的節奏。

聽，另一種台灣風景

「台灣聲音地圖」建立在全球環境聲音協作平台Radio Aporee，以Google地圖呈現。雖為開放式平台，台灣地區逾一萬三千筆聲音紀錄，僅不到二百五十筆由其他國內外錄音師及工作坊學員上傳，其餘皆為吳燦政的成果。計畫不假他人之手，他笑稱付不起薪水，實因每個人觀點不同，而每一次的錄音，收錄的不僅是環境整體的聲音，也

1

1 在自然環繞的步道裡，錄下看不到的人聲。
2 全景收音會錄下所有聲響，需時時調整收音頻率。
3 為錄音機罩上防風毛套，確保聲音品質和質地。

隱含錄音者的詮釋。

吳燦政的聲音創作一直在脫離慣性的路上。為了讓創作從本土出發，聲音地圖計畫於焉展開；發覺錄音範圍囿於城市，2014年他參加雲門流浪者計畫，將麥克風指向東部及離島。在內容選擇上，他也刻意避免自己記錄的聲景太過理所當然。

山風拂過池上稻浪，埔里打鐵街的火光鏗鏘，這些都不在聲音地圖上。「慣性久了後就不會想要去找到新的聲音。就像我們說話是面對面的，但你不會只有正面被看到，別人從背後看到的你也是你，而那個你可能是一個很不一樣的你。」

抽離熟悉，創造思考機會

如同楊德昌電影《一一》拍照只拍背影的小孩，如果必須去記錄這些聲音，吳燦政定會找到一個不一樣的收音角度。異國腔調的對話聲，實為公園裡移工看護與外省長者討論著午餐，聲景的陌生化讓聽者不再只是停留在淺層的感官體驗，而能在聆聽過程中創造思考聲音的機會。

面對大量尚未整理的聲音資料，吳燦政坦言對於計畫的結束還沒有真實感。即使大眾對聲音的想像至今仍有侷限，尚未進入討論與整合環境聲音的階段，「如果做台灣聲音地圖能讓更多人去思考聲音這件事，對我來講，這十年就沒有浪費掉了。」吳燦政架起收音麥克風，繼續在人與環境交響的聲音結構裡，追尋與大眾對話的頻率。

提問 vol.1

Q1

聲音對你而言是什麼？

聲音是提供人對這個世界不一樣看法的一種媒介，是一個可以被納入我們的生活之中被討論、協助大家思考更多樣面向的工具。

Q2

請分享印象最深刻的聲音和故事。

沒有，我沒有所謂印象最深刻的聲音。對我而言，每一個聲音都是獨一無二的，但也都不會是永恆

Q3

請描述最能代表你的「環境聲響」的聲音。

如果以我個人對環境聲音的定義來回應，我認為最能代表我的會是

「環境底噪音」。

如果你告訴別人，你用一種聲音代表自己，也許五年、十年之後就會變，但可能有一種聲音永遠都不會變。「環境底噪音」對我來說，就是當你在一個你以為沒有人的地方，你知道還有什麼在那裡，它仍然存有聲音，而且這個聲音一直很細微地在改變。

2019年和北投鳳甲美術館合作的聲音影像裝置，我用兩個很簡單的聲音元素——北投捷運站和基隆火車站的聲音——各自分布在展場中，我的聲音配合著作曲家的音樂作品，就像是基底。如果有辦法做到一種聲音，大家都覺得它不重要，但它一直都在，那就代表它有很多合作機會，突顯別人也突顯出聲音是什麼。

的，因為聲音本來就一直在改變，一直在重組。

大家都會覺得快要消失的聲音才值得被記錄，但如果不希望它消失，應該先思考如何讓這個聲音繼續下去。可是通常會希望我們記錄下來的，都只是旁觀它的消失。

錄音者的存在，只是為了記錄下這些變化，經歷這些過程，發現這些不同，並思考這些不同能帶給當代社會什麼。

我們勢必得去適應聲音一直在改變，至於這是一個好或不好的改變，不用急著下結論，因為我們不知道下一個階段會是什麼。

深　聲

Q4 如果可以自由建構，你想建立什麼樣的聲音風景？

我沒有想特別想建立什麼樣的聲音風景。對我來說，更重要的是透過每一次的作品展演，不斷嘗試什麼樣的聲音組合、配置、空間，可以產生什麼樣的聆聽經驗。

《垃圾人》這個作品其實就是海漂垃圾，一開始我想要有海浪聲，但視覺上沒有海。最終版的海浪聲聽起來不像海浪聲，那其實是半夜沒有人的海邊，我把這個比較安靜的底噪音擴得很大，兩邊時間序不一樣，產生一種重複感，但由於是環境聲音，所以聽到的聲音並不是很明確。

在每一個展場會有不一樣的做法，空間裡聲音的質地、有多少聲音在這個空間裡、下一個空間走的波長會怎麼樣……，各個展間會互相影響。每一次展演我都會去試驗這些聲音細節，帶來不同的聆聽經驗，可能引發出一些不一樣的想法。

或者可以這麼說，展演就是在建立聲音風景。因為沒有所謂最好的聲音風景，只能試著用聲音去抓取出我們的聽覺經驗，測試它是不是有機會被創造出一個新的、有趣的或是感動人的情境。

聲音是：
田野紀實+混音後製+記憶共鳴

聲音，是與人類共振的存在。

一般人對於**聲音**的感受僅止於安靜vs.吵鬧、

大聲vs.小聲、動聽vs.難聽⋯⋯的簡單二元對分，

對於在這光譜之間，那些幽微的、細膩的、飄忽的，

猶如光影般稍縱即逝的音頻轉折，往往會被我們忽略，

而這也是**聲音**藝術工作者

澎葉生（Yannick Dauby）存在的理由。

他，帶我們聽見那些「聽得見」也「聽不見」的**聲音**。

創作一個聆聽、共振的聲響情境

文字—NORITAKE
圖片提供—澎葉生

來自法國，2007年移居台灣，澎葉生在「聲音」領域專研至今有20餘年，能想像到的各種聲音工作幾乎都在他的守備範圍，包括：田野錄音、聲音紀實、音樂與聲音環境設計、電子原音音樂、即興音樂、人類學音樂，他也和當代舞團、公共藝術及電影合作，曾以《日曜日式散步者》的電影聲音設計，榮獲2016年台北電影節最佳聲音設計獎，並入圍第53屆金馬獎最佳音效，成績斐然。

延伸到世界的聲音觸角

山林間的蟲鳴鳥叫、海洋中的生態植物、都市的車水馬龍、人類的叨叨絮語、難以辨識的環境聲響……，澎葉生的聲音創作包含豐富多元的聽覺探索和實驗，然而他最初對於聲音的啟蒙卻是來自「音樂」，他說：「小時候我經常泡在公共圖書館的『聲音閱讀區』，每週借出大量的卡帶、黑膠唱片和CD，反覆聽著1970年代的重金屬搖滾、電子音樂、印度的古典音樂，還有印尼的甘美朗（Gamelan）民族樂。」

1

一個在1990年代前後瘋狂吸收各種樂音，對於聆聽極度敏感的小孩，長大後理所當然選擇走向音樂學習之路，澎葉生畢業於法國尼斯大學民族音樂學系，爾後繼續深造拿到法國普堤大學的數位藝術碩士，但究竟是什麼機緣將他帶向田野錄音的創作之路？

「學生時期我所學到的各種錄音技術至今都還在用，不過也差不多是從那時候開始，我從工作室走到了戶外，四處採擷錄下各種聲音，再將這些素材帶回來後製。」他回想，當時他應該受到記錄各國傳統樂曲的民族音樂學家，以及收集各種鳥類叫聲的鳥類學者啟發之下，才會將聲音的觸角延伸到這個「世界」。

田野錄音的客觀與主觀

「錄音時，我希望能盡量維持在『最簡單』的狀態，我不會刻意『規劃』想收到的聲音，更不會去干擾旁人，或者動物。」澎葉生說，那就像是某種順暢流動的即興狀態，「如果我察覺收音『對象』意識到我在幹嘛時，我會停下來先離開再說。」

「田野錄音就是跨出錄音室的舒適圈，到達一個你無法預期會出現什麼聲音的地方工作。你需要擁有即興發揮的技能，還有適應孤獨的能力。」他解釋田野錄音需要透過客觀的紀實手法記錄和追蹤任何事件，卻也同時帶有紀錄者的主觀詮釋，「那是因為我們用的工具（錄音設備和麥克風）一點也不『中性』，除了錄音者會挑選他想採擷的片段，聽者也會根據個人立場（美學或觀點）去欣賞和解讀。」

2

3

1 2019年參與「落山風藝術季」時的錄音場景。

2 進入野外錄音的麥克風測試前置作業。

3 今年出版的《福山‧太平山》CD書，收錄完整的山林聲音故事。

《山林》計劃進行聲音採集時，探訪泰雅家屋所拍攝的傳統籃編畫面。

當時我只有一個人，
我在森林中漫步，等待著鳥類和動物發出聲響。
這工作真的需要極大的耐心，
還要能將自己保持在一個完全安靜的狀態。

他舉了採集階段與「台灣聲景協會」合作的宜蘭太平山計畫為例。那時他在太平山國家森林遊樂區內四處遊走，用高解析度音訊設備收音，「當時我只有一個人，我在森林中漫步，等待著鳥類和動物發出聲響。這工作真的需要極大的耐心，還要能將自己保持在一個完全安靜的狀態。」

在工作室剪輯時，澎葉生精選出——在渺無人煙僅有動物出沒的太平山林間——他所能感受到最美的聲音，透過編輯和混音手法，完成了一段「聲音地景」創作。隨後，他意識到自己的選擇其實帶有特定觀點，因為無論是錄音或者後製階段，他都在創造一個心目中最「理想純淨」的自然環境。

「我發現錄音時我刻意忽略了天上的飛機聲，林道上的機車聲，當然也包括登山客路過時的交談聲，還有他們跟著收音機音樂一起拍手的聲音。」但他心裡很清楚，這座森林並沒有他想像中那樣「未經破壞」，太平山曾經是重要的林業資源開採地，現今也有大量的遊客出沒。

作品帶來的思考和演進

為了「校正」觀點，他在2017年舉辦的「映像節2017 Parallax」展覽，做了四段關於太平山歷史的人物訪談，「他們每一位都和這座山有很強的連結，分別帶出四種不一樣的觀點，也讓我們進一步去思考森林和山之間的關係。」澎葉生描述，展覽中他也以手稿呈現訪談內容，搭配現場耳機中播放的太平山聲音風景。

後來，這個作品發展成《山林》（Forest）的聲音紀實故事。音軌中，聽到了蟲鳴鳥叫的山林聲，結合太平山林業伐木承包商的女兒吳秋香的自白，述說著她在太平山的成長故事。這個作品中也混合著澎葉生的泰雅族友人喇藺．猶命（Laling Yumin）的口白，描述他父親以及原住民和山林的關係。這個聲音作品之後也在２０１８年台北電影節的戲院大螢幕上播放，但螢幕是全黑的。

而今年實體出版的《福山．太平山》（Fushan & Taipingshan）CD書，進一步將澎葉生太平山的聲音紀實發揮成一部「長片」。除了能完整聆聽太平山的聲音地景故事，還能閱讀各篇訪談記錄及由他撰寫的「田野錄音」文章。此外，澎葉生還特地找來生物聲學家友人，幫他指認在不同音節中聽見的動物或鳥類叫聲，並在書中做成圖表供聽者指認，別具用心。

採集《山林》聲音故事時拍攝的泰雅族小米收成圖。

聽者感受是創作源頭

「任何我聽到的聲音，如果被我帶回工作室，喜歡的話，就會收錄進我的作品，這就是聲音技術魔幻的地方。」創作時的澎葉生，作品大多會結合各種環境聲響、人們說話的切片、機械的運轉聲，以及那些難以辨識來源的聲音紋理，他表示「無論是經過混音或是編輯的聲音，對我來說就像是電影中的蒙太奇手法一樣，通常那會給聽者一種敘事上、情緒上，或是物理上的特殊感受。」

反過來說，如果是從事非個人性的創作時，他會怎麼做呢？澎葉生說，聲音設計是創造一個聆聽的情境，必須將聽眾的感受放在心上。好比當他為電影設計聲音時，他除了使用資料庫中現有的音檔，也會為了突顯畫面中的動作或光影張力，而特別錄製一段能讓整體觀影感受變得更立體的聲音。

「聲音要能說明事情，你要能精心挑選出最能呼應畫面風景的風聲、動物聲，或許這樣的聲音也能賦予影像另一層的語言和意義，甚至在敘事上它也可能是跳脫並行的。」

拉長記錄時間創造觀點

自2017年起，澎葉生就持續追蹤澎湖群島岌岌可危的珊瑚礁生態，連續四年來他都毫不間斷地在同一個定點，持續記錄著澎湖淺海海域的聲音。去年，他去了錄音定點之一東吉嶼，目睹因2020年「熱壓力」大量白化死亡的珊瑚，對此他感到無比震驚。

「我會持續進行珊瑚礁定點錄音計畫，至少記錄個十年。」目前計畫來到一半的澎葉生指出，拉長時間會創造出不一樣的觀點，「用十年去進行一項田野錄音計畫，更能讓人感受到一個地方的轉變。」

無論是澎湖群島瀕危的珊瑚礁，或是在太平山森林的聲音和文史紀實，以及過往許許多多的聲音計畫，在台灣扎根14個年頭的澎葉生，在個人聲音創作和對台灣生態環境的關懷之間，找到專屬於他的獨特切入和記錄方式。

提問 vol.2

Q1 聲音對你而言是什麼？

聲音的定義有很多種，有些人說這是一種物理現象、聲波震動，或者如氣體、液態，甚至固體般的波形。有些人則會將注意力放在聲音的源頭，像是當你聽見某個聲響，例如機車聲，我們不會說「我聽見了一台機車『聲』路過」，反而會說「我聽見了一台機車路過」。

此外，人們也會賦予聲音一種複雜的象徵意義，好比當你的手機鈴聲響起，你會想要知道聯絡你的人是誰。

我的工作則經常處理三種不同狀態的聲音：

聲音的物理特質、探尋聲音源頭的物件，及一個人物或者群體的發聲和這個聲音背後的意義。

Q2 請分享印象最深刻的聲音和故事。

我是專門記錄環境聲的聲音藝術工作者，我用聲音創作，也替電影、當代舞團、藝術裝置等設計音效。在處理各種類型聲音時，我通常會在自身對聲音的主觀感知，以及這樣的聲響將帶給聽者何種感受兩者間思考徘徊。

很難說哪種聲音對我來說最深刻，因為在不同場域與時間聽見的聲響，都帶給每個人截然不同的體驗。而與其說討論聲音，或許我們可以談談「聆聽」這回事。

也許你可以想想，

有什麼因素會讓我們想去聽某個聲音？聆聽又會帶給我們什麼樣的體驗？會產生什麼樣的後座力？

這些都是我在創作上經常思考的問題。

如果要從我20多年的工作經驗，以及涵蓋各種純藝術、生態環境或具社會意義的創作主題中，找出最能代表我的聲音實在很難，不過我可以舉一項近期我覺得「有點不太一樣」的創作。

去年我參與了策展人鄭淑麗在台灣當代文化實驗場策劃的聯展——「Lab Kill Lab」實驗室計畫，當時我做的主題和桃園海岸線的「大潭藻礁」有關。我錄製了一段帶有神祕色彩的聲音，雖然說缺乏足夠的科學根據或研究，但我覺得那可能是藻礁在光合作用之下所發出的「超聲波」。

大潭藻礁是很嚴肅的環境議題，身為藝術家，我不想太直接表達意見，於是我以錄製的聲音搭配影像和文字，創造一個結合聽覺與視覺，更近乎虛構或類科幻的作品。田野錄音時常會觸碰到社會或環境生態議題，有時處理起來相當棘手，一方面我覺得自己有投入的社會責任，但我不覺得我的創作單純只有資訊性或是反抗激進的特質，因此透過想像力去表達對於議題的關注，對我來說會是相對更切合的處理手法。

Q3 請描述最能代表你的「混音後製」的聲音。

深　聲

Q4 如果可以自由建構，你想建立什麼樣的聲音風景？

天馬行空想像的話，我希望能記錄最原始的海洋生態環境。

我想隨意進出海底世界，錄下那些從未曾受過人類干擾、沒有生態危機或污染的海洋生態聲音。

但這應該是不太可能的事……

聆聽是一種被動技能，
我們可以閉起眼睛，
卻無法關起耳朵，也永遠無法知道，
聲音的記憶是在何時被存入，
而這種技能卻是叫喚記憶的重要開關。
聲音藝術家鄭琬蒨用「聆聽老靈魂」計畫，
帶領人們聽見環境也聽見自己，
而或許有天我們可以用聲音移轉時間與空間，
成為留住記憶的一種方式。

聽見真實世界之外

文字一李佳芳　圖片提供一聆聽老靈魂

（圖片提供／高市圖）

聲音是：田野紀實+混音後製+記憶共鳴

記憶聲音，

當聲音被大腦接收，在海馬迴刻下溝槽時，聲音注定被壓入這張名為「記憶」的唱盤。可惜，這張唱盤無法公播，只能在腦內重放。在現下，可以靠著文獻與技術，再現熟悉的場景，再現熟悉的味道，卻很難再現「熟悉的聲音」——有人聽見削甘蔗聲音，想起從前的老北投市場；有人聽見偉士牌咳老痰般的排氣聲，想起兒時目送父親上班的場景……你的聽見與我的聽見是如此不同，每個人的聲音記憶皆獨一無二。

出於對祖父母的思念，聲音藝術家鄭琬蒨自２０１８年開始了一個不尋常的「聆聽老靈魂」計畫，邀請不同城市的資深住民共伴採集聲音，把聲音當成生命故事的觸媒，

使得孤獨自轉的行星有了塔台，向宇宙發射出心靈通信的電波。

打翻五線譜的日常音樂

鄭琬蒨戴著鴨舌帽與耳機，持著小型Boom桿，指著奇奇怪怪的角落：公園花草、路邊攤、水溝邊……在旁人眼中完全不懂，這到底有什麼好「聽」的？以此種方法創作的鄭琬蒨，談起自己著迷蒐集錄音的原因，是因為「錄音可以記下當下沒有覺察的片段。」

她取出了高中時記錄練琴的MiniDisc，播出清脆響亮的鋼琴聲音，迴盪在空氣的殘響裡，還有許多難以察覺的細碎聲音，是父母在客廳說話的碎念、樓下狗兒意興闌

珊的吠叫……這些發生在屏東小鎮的某個無事午後，就這樣被收錄在裡頭了。

「聲音稍縱即逝，你沒辦法掌握它，只能跟在它後面，但又總是追不上，因為新的聲音不停進來。」大學以前的鄭琬蒨，所認知的音樂是一種被五線譜標記，可在指示下再現的聲音，而這種在日常生活隨機觸發的聲響，既無法被任何樂器演奏，也無法被編入樂譜，通常不被視為是一種音樂。直到在大學的現代作曲家課堂上，讀到美國先鋒派古典音樂作曲家約翰·凱吉（John Cage）的故事，以及他不用任何一個音符完成作曲的《4'33"》，徹底打翻了她對音樂的認知。

到街頭，尋聲解開生命課題

大學時的鄭琬蒨對觀念藝術十分著迷，發現這種被稱為「聲音藝術」的特殊創作方式，往往與視覺藝術、行為藝術勾連緊密，彷彿具有很大的可能性。一個小小的聽見，促使她的音樂學習轉向，畢業即飛往英國倫敦藝術大學聲音藝術研究所，專心學習聲音設計與藝術（Sound Design & Art），而在學校累積十多年的資料庫裡，她在教授要求下聽取上千筆聲音創作，發現聲音可以各種意想不到的形式創作，而非只有演奏一途。

「任何聲音都可以是音樂。」信奉著新的教條，鄭琬蒨從琴房走到

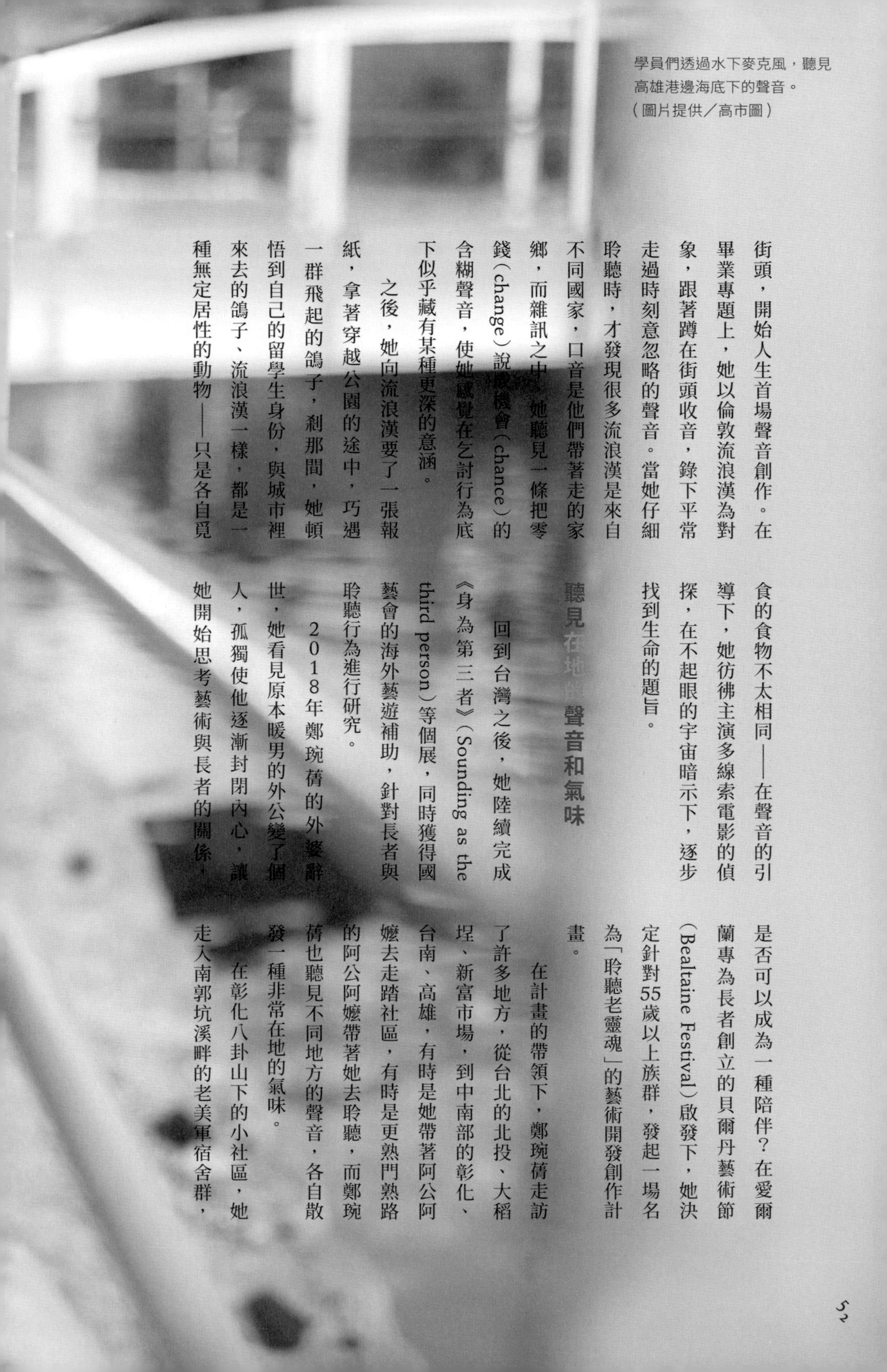

學員們透過水下麥克風，聽見高雄港邊海底下的聲音。（圖片提供／高市圖）

街頭，開始人生首場聲音創作。在畢業專題上，她以倫敦流浪漢為對象，跟著蹲在街頭收音，錄下平常走過時刻意忽略的聲音。當她仔細聆聽時，才發現很多流浪漢是來自不同國家，口音是他們帶著走的家鄉，而雜訊之中，她聽見一條把零錢（change）說成機會（chance）的含糊聲音，使她感覺在乞討行為底下似乎藏有某種更深的意涵。

之後，她向流浪漢要了一張報紙，拿著穿越公園的途中，巧遇一群飛起的鴿子，剎那間，她頓悟到自己的留學生身份，與城市裡來去的鴿子、流浪漢一樣，都是一種無定居性的動物——只是各自覓食的食物不太相同——在聲音的引導下，她彷彿主演多線索電影的偵探，在不起眼的宇宙暗示下，逐步找到生命的題旨。

聽見在地的聲音和氣味

回到台灣之後，她陸續完成《身為第三者》（Sounding as the third person）等個展，同時獲得國藝會的海外藝遊補助，針對長者與聆聽行為進行研究。

2018年鄭琬蒨的外婆辭世，她看見原本暖男的外公變了個人，孤獨使他逐漸封閉內心，讓她開始思考藝術與長者的關係，是否可以成為一種陪伴？在愛爾蘭專為長者創立的貝爾丹藝術節（Bealtaine Festival）啟發下，她決定針對55歲以上族群，發起一場名為「聆聽老靈魂」的藝術開發創作計畫。

在計畫的帶領下，鄭琬蒨走訪了許多地方，從台北的北投、大稻埕、新富市場，到中南部的彰化、台南、高雄，有時是她帶著阿公阿嬤去走踏社區，有時是更熟門熟路的阿公阿嬤帶著她去聆聽，而鄭琬蒨也聽見不同地方的聲音，各自散發一種非常在地的氣味。

在彰化八卦山下的小社區，她走入南郭坑溪畔的老美軍宿舍群，

原本暖男的外公變了個人，
孤獨使他逐漸封閉內心，
讓她開始思考藝術與長者的關係，
是否可以成為一種陪伴？

沿著小支流走入老社區的日常生活，在流水的主旋律聽見偶發跳入的即興伴奏：伴著炒菜油香的鍋鏟刮擦節奏、在社區繞行賣五金雜貨的小發財車、時而清楚時而模糊的人聲交談……然而在相隔五分鐘車程的天空步道，他們卻錄到許多清晰的大自然聲響，這存在生活中的「真實的自然」以及公園規劃的「人造的自然」，引發了一連串有趣的討論。

不存在真實世界的音景

在鹽埕走踏時，來參加的長者都是從小即生活在此的大溝頂人，他們告訴鄭琬蒨，這裡從前有一條

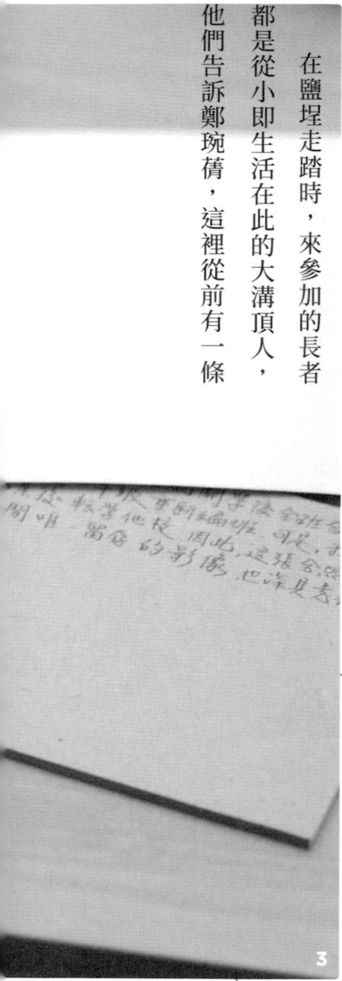

1 北投的學員們從觀察中繪製同學畫像，進行共創彩繪。

2「聲音行走培育計畫」彰化場旅行，一起聆聽南郭坑溪旁的水流聲。

3「聆聽老靈魂一萬華場」中，帶領學員手作照片藍晒圖。

有種不存在真實世界的聲音
有可能再現音軌，
那就是內心的聲音、夢境的聲音、
記憶的聲音。

裁縫街，可以錄到釘鈕釦、剪布、踩縫紉機的聲音。「實地走入傳統產業緊密的小巷內，他們錄到的卻是非常安靜的聲音。」偶有微小的廣播電視聲從關起門的店面偷偷傳出，才感覺得到裡面有人正在工作、生活著。

與記憶不符的聲音現況，提醒了鄭琬蒨關於「消失」的這件事。此時此刻，已消失的人、消失的事、消失的風景，就無法被聽見了。然而，卻有種不存在真實世界的聲音，有可能再現音軌，那就是內心的聲音、夢境的聲音、記憶的聲音。鄭琬蒨認為，從聲音的角度可以發現更廣的世界，「因為眼睛的視野是１８０度，而聲音的接收卻是３６０度呀。」

提問 vol.3

Q1 聲音對你而言是什麼？

從物理角度來看，聲音說穿了就是一種能量。

它很像你在海裡被帶著漂的感覺，你沒辦法掌握它，也沒辦法抵抗它，只能順著海浪漂流，不知道會被帶去哪裡。我喜歡搜集錄音，因為錄音可以記下許多沒有覺察的片段。

Q2 你怎麼用聲音創作？

我的聲音創作不是聲音裝置（聲音裝置是去創造聲音），我比較像是用聲音來作曲。

我會先去設想作品「應該完成的樣子」，接著思考怎麼讓觀眾去聽作品，是用耳機、播放、觸摸還是發現……接著我才往前回推創作的方法，但能不能錄到想要的聲音還得靠運氣，要是聲音不出現，就沒辦法完成（苦笑）。至於作品長度，可能是三分鐘，也可能是一小時，但也可能是一個裝置。

Q3 請分享印象最深刻的聲音和故事。

曾在工作坊遇到一位老先生，在「最想念的聲音」討論課上，他講起只要在生日那天就會想起媽媽叫他小名「Noli」的聲音。有天他在睡夢中突然聽見一聲很真實的「Noli！」，驚醒之後發現這天是他60歲生日，而媽媽也是活到60歲那年離開人世，當下他忍不住哭了，發現媽媽一直都在。

聽到老先生的故事，當下我也忍不住哭了（啊，我在課堂上很常哭！）Noli的故事也讓我很有啟發，原來夢裡聽到的也是聲音的一種，這讓我更著迷於聆聽現象。

常在課堂上聽到很觸動的答案，他們好像都在默默影響我，像整體氛圍一直存在我的腦海裡。

Q4

請描述最能代表你的「時間記憶」的聲音。

阿公年紀大了之後，下田成為我爸下班的休閒活動，有次我跟他去錄割竹筍的聲音，突然想起阿公以前教我怎麼辨識採收竹筍，以及竹筍湯是我們全家都很愛的料理，當下突然理解到，原來竹筍是我們家族傳承的食物。後來，我也錄下家人談論竹筍的聲音，回聽阿嬤講話的聲音時，發現阿嬤講話有個很特別的尾韻，有時是「ㄏㄧㄡˇ」或是「ㄏㄟˇ」的語助詞，與小時候的記憶不大一樣。

其他想念的聲音還有小時候在田裡玩耍，在沙丘上踩跳的沙沙聲音吧（我真的很喜歡站在沙丘上往下跳的感覺）。以及媽媽炒菜的聲音，她不會慢慢等火燒乾鍋子，總是先用大鐵鍋涮涮涮把鍋裡的水鏟光，接著才會下油，感覺好像是她炒菜前的一種儀式（笑）。

聲

深

Q5

如果可以自由建構，你想建立什麼樣的聲音風景？

聽覺是我們最早出現的感官，我很好奇在媽媽子宮裡聽到的會是什麼聲音。

如果可以，我想建構一個模擬在媽媽子宮的空間，我想像聽到的聲音應該會非常有安全感吧！

紙上收聽

調頻中

～漁村澡堂裡的喘息聲

節目現場

△**流水聲**

嘟嘟 其實你只需要來一泡！

阿猴 哪一泡？

嘟嘟 來津夙昔有澡泡！找泡，就到津夙昔！

△**敲竹筒聲**

阿猴 歡迎來到津夙昔，哇係阿猴。

嘟嘟 哇係嘟嘟，打給厚！（喘一口氣，作疑問狀）為什麼我們節目要叫做「津夙昔」？

阿猴 所謂「津」，在古代是指渡口或港邊，正好對應到我們身處的地點——金山的磺港；而「夙昔」指的是從前、往昔，我們的教育與求職都往大都市遷移，各鄉鎮地方人口逐漸流失，文化特色也漸漸被遺忘，秘境什麼的同質性越來越高，想透過觀察並記錄保留當地的風土趣聞，讓人回想起往昔的美好，也鼓勵每個人發掘自身居住地的特點與文化。

嘟嘟 剛好是取「真舒適」的台語諧音，也就是「津夙昔」！希望聽眾在聆聽節目的同時除了能了解在地特色，也能感到有趣、舒適、放鬆。正好我們兩個都喜歡泡溫泉後喝杯威士忌，津夙昔啦！

阿猴 我記得有一次白天下午要拿東西去給Home嬤，她不在家，旁邊的鄰里就叫我去港邊澡堂找。

嘟嘟 （驚訝狀）為什麼？難道大家一天都要照三餐洗澡嗎？

阿猴 我還真的在澡堂裡找到那位阿嬤！大部份鄉村的社交地點都在里民中心或是大榕樹下，但磺港的社交中心居然是公共澡堂（大笑），吃飽飯、閒來無事大家就相約去澡

嘟嘟（陳彥沂），50%是個浪漫主義者，一混入咖啡香就神遊五湖四海。30%仍維持一定程度的理性，以攝氏5度完整保存身為一個自然人應有的數理邏輯能力。20%是個矛盾地帶，抱負和慵懶不斷在此交戰。

堂泡澡聊天，根本就是哆啦A夢裡面那個靜香啊，整座漁村的阿嬤都是靜香，一天要洗那麼多次澡。

嘟嘟 難怪我看港邊的阿公阿嬤、大哥大姊們個個都神采飛揚、皮膚光滑水亮，可能就是因為常常泡溫泉的關係，代謝特別好。

阿猴 除了溫泉以外，海鮮也是一絕，這裡的漁獲種類非常豐富，我也是定居之後才慢慢學著辨識不同魚種，了解到魚的料理要加分，要根據魚性去烹煮，有的適合酥炸、有的適合乾煎（說了一口好魚料理）。漁船回來後新鮮的漁獲一下子就賣光了，還是因為相熟的船長特地幫我留一些才有得吃。舌頭都被磺港養刁鑽了，外面的海鮮餐廳已經吸引不了我了啊！

嘟嘟 聽說以前磺港捕魚的方式非常特別，之所以這裡被稱為磺港是因為使用磺火捕魚，又稱「蹦火仔」，透過特殊的電土加水產生化學反應瞬間燃燒，在夜裡發出火光，吸引趨光性的青鱗魚跳出海面後再手持漁網捕撈。那天在飯桌上有聽船長說，近五年漁況不好，再加上老船長退休，目前只剩二艘還有在作業與觀光展演，已經列入無形文化資產。

阿猴 是的，我前陣子傍晚，只要看到蹦火船沒有在碼頭，就背著相機飛奔出去北海岸追船，只為了一睹那個蹦火的瞬間，阿也不會看流水和風勢，整個胡亂追。有時候漁船往東去萬里發電廠，我人卻在西邊的石門傻等。

嘟嘟 哈哈哈！果然是我們阿猴會做的事，就像冬天泡澡後「腳底抹油」般的行動力。

阿猴 磺港的夜晚真的很寂靜，老人家泡澡後早早就睡了，完全沒有夜生活，很適合散步啊，月圓的時候就去看月光海，沒有月亮的時候就躺沙灘上看星星。睡前去澡堂泡完溫泉再小酌一番，然後躺在床上聽著海浪聲入睡，我的磨牙症狀居然在這不藥而癒了。

嘟嘟 對現代人來說，沒有什麼比「吃得好、睡得著」更重要的了，歡迎大家到金山磺港走走，來津夙昔找「舒適（sù-sī）」！

阿猴（潘虹妮），產於阿猴城的土著系女兒，2019年因緣際會進駐磺港後，以澡堂日記開啟了「洗身軀」個人品牌之路。喜歡42度的溫泉，擅長扶阿嬤上岸，中年小目標是泡遍全台公共澡堂，以湯會友，致力於讓每個人愛上裸泡的美好。

漁港周邊

嘟嘟　上次在港邊厝樓頂看到北海岸的海面星光，真的超美耶！可惜沙灘區因為疫情升溫封鎖，不然就可以體驗躺沙灘、聽浪打、數星星了……

阿猴　其實從磺港泡腳池為起點，散步巡港一圈約半小時，有人說磺港被獅頭山包覆著，再加上碼頭的燈塔很靠近，很有韓國釜山青沙浦雙胞胎燈塔的電影場景感。我偏好夜晚沒有人潮也沒太陽曝曬的時候，沿著碼頭散步，觀察流浪貓們在船艙玩捉迷藏，聽聽移工們在土地公廟下唱歌、海巡人員騎著腳踏車巡邏、返港的船隻繞到海巡檢查哨前報備，卸載漁獲的起重機嘎嘎

△港邊的印尼歌謠

疫情期間因為漁獲市場短少，經常會在岸邊聽見歌聲。碼頭有兩座燈塔，出海是右綠左紅，回港是左綠右紅。沒有出海的時候，港灣土地公是磺港移工小聚落，小聚落有一個超級大塑膠桶，裡頭終年有清水，是他們回港靠岸的盥洗處，豔陽高照時總會伴隨著沖澡與流水聲。

夏夜的船艙熱難耐，船員們會在甲板上休息，船夠大的話，吊床掛著隨緩浪與微風輕輕晃著，邊晃邊滑手機和遠方的親朋好友視訊。是我的話，包準早已暈浪暈到吐。

夜裡，港灣偶爾出現吉他聲，順著歌聲將腳步轉往綠燈塔的方向，土地公廟前儼然成了磺港鐵花村，移工船員們自彈自唱著故鄉的流行樂曲。托疫情的福，海洋得了喘息，移工們也有小假期，沒有出海的船隻多了；某天夜裡彷彿來到東岸的阿米斯音樂節，遠遠地就能聽見那些聽不懂，但很有感染力的吟唱，站在自家樓厝的頂樓，就能感受旋律繚繞整座漁村的美好。

響和堆高機引擎聲，還有釣客們放很大聲、跟著唱的流行歌。

嘟嘟　我們家阿猴真的很會找樂子，靜謐的漁港裡頭竟有這麼豐富的聲景。

△漁船也會來個蹦蹦

「放落（pàng-lo̍h）！」

「砰！」的一聲電光石火之後，緊接著是在船頭的火長拉高嗓門喊聲，後方的船員台語稱為海腳（hái kioh）俐落地將三角型的叉網放入大海。

第一次聽到這口令是在海岸邊跑步的時候，忽然海面上一聲巨響與瞬間電光石火，趕緊在岸上追著船隻跑。氣喘吁吁地回港後衝去傳說中的蹦火仔船隻旁，想要目睹青鱗魚本尊，結果迎面而來的是一臉炭火煙燻妝的火長！這個已經被登入文化資產的傳統漁法，要不是臨港感受，還真的只會停留在歷年攝影界競賽的美好畫面，還好有地方文史工作者將此技法結合觀光展演，今年夏天還能聽見海面上的蹦火聲響。

沒有青鱗魚的日子，苦蚵仔（khóo-ô-á）是漁船人家餐桌上的心頭好，是討海人的滋味，初嚐苦澀實則甘在心頭，都市人沒得嚐。

時節到了冬天，還是會聽見蹦蹦聲，是鞭炮聲。大白天、不是天公生也不是媽祖遶境，是漁船要出港，放鞭炮祈求豐收，或是漁船豐收回港，放鞭炮感謝天。更是新船下水典禮，放鞭炮、撒糖果，全村莊的人打著傘在船邊慶賀著。感覺對了就來個「蹦蹦」，是我這個移住漁村、只負責吃魚看海的麻瓜觀察日記。

公共澡堂

嘟嘟　整個金山區有五座公共澡堂，有三間座落在小小的磺港漁港，一間在水尾漁港，最大間的座落在金山老街裡頭叫金包里公共浴室，都長得一樣嗎？

阿猴　每間都有一群洗澡班底。澡班的成員多半是相仿的沐浴習慣與價值觀，她們會自發性地維護澡堂環境與過濾出入人口，澡堂文化與潛規則就是這些地方大姊、阿姨、嬸嬸、姨婆及阿嬤們的總和。男子澡堂那邊是否也如此我不清楚，畢竟姑娘如我沒跟他們一起洗過澡，只有為了借水入過男子澡堂參觀。

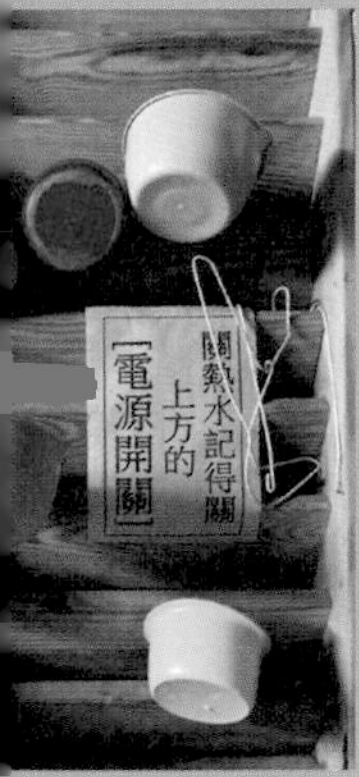

△黃金湯的鏽蝕聲

這五座澡堂裡，有三座是硫磺鹽泉，有著鹹鹹的海滋味。有一座富含大量的鐵，遇到空氣直接變黃色，是黃金湯的由來。地標磺港公共浴室那兒的泡腳池也是這般黃金湯，一群人圍坐著泡腳，看來就像是一道「味噌煮美人腿」烹煮中。

磺青橋下有間澡堂，是傳說中鐵質含量最高的溫泉，有一位港邊澡堂的班底消失一陣子後忽然再度出現。問她怎麼那麼久沒有來洗。

大姊回：「我都去磺青橋那邊洗一窟一窟的那種啊，沒想到連續洗了幾次，指甲都變黃色的，再這樣下去真的會變黃臉婆，太可怕了。」

地方阿嬤：「哈哈哈哈！妳不知道那邊毛巾下水之後就整個鏽掉了嗎？」

大姊：「早講嘛！我還想說指甲黃黃的怎麼一直洗不掉。」

△標悍的水瓢飛過聲

不管座落在水尾漁港的豐漁公共浴室，還是泡腳池搖滾區的磺港

公共浴室，在觀光熱點時間進去泡澡，會不小心變成一頭在露天洗澡、被圍觀的母猴子……這是有一回獨自包場，在池子裡慢慢加水溫發生的故事。

那時門被打開，一個觀光客媽媽探頭，連忙關起門。（繼續加熱水）

門又被打開，那位觀光客媽媽帶著女兒探頭，一副就是「女兒，妳看這是公共浴室」的驚喜樣。（轉頭瞪人）

門連忙關起，但馬上又被打開！正準備要罵人了，是在地一對婆媳。

媳婦先聲奪人：「原來妳也會在這裡（洗）啊！」

婆婆問：「誰啊?!」

媳婦：「就港口那邊那個妹妹啊，之前以為是外籍新娘但其實是台灣人那個。」

婆婆：「剛剛那個開門的是妳帶來的朋友嗎？」

猴：「不是，是觀光客啦！我帶來的朋友會直接進來洗，剛剛差點要罵錯人。」

婆婆：「妳下次就直接把水瓢往她身上丟啊。前幾天才聽說跟一台遊覽車的人吵架，一群人說只是要泡腳沒有要洗澡，在澡堂裡不脫衣服、也不脫褲子就要把腳往溫泉池裡泡，丟水瓢只是剛剛好而已。憑什麼人家的洗澡水要變成你的泡腳水！」

就說吧！海港人很慓悍的，慓悍的剛剛好。

社區住宅

嘟嘟　上次住阿猴家那兩天，去Home嬤家蹭飯，每餐幾乎都是十來張口起跳，明明屋子裡只有住一、兩個人啊，我看廚房裡的常備碗筷少說有30副吧！

阿猴　對啊，這是漁村岸上女人家們相互支持與陪伴的方式。在那個討海如搏命的年代，航海技術與通訊不發達，男人們出海後，女人們要撐起整座漁村。今天王家有豬腳、張家有鮮魚、許家有青菜，幾個女人洗菜的洗菜、備料的備料，輪番上陣料理，一起用餐交換訊息：「妳老公有說他們船開到哪裡了嗎？」、「烏魚有追到嗎？」，一起吃飯分攤等待的憂慮，一起打牌

△麻將聲、翻桌聲

女人們吃飯的時候會打打鬧鬧，打輸牌後也會翻臉賭氣，不用餐、摔碗筷。有回某個姨婆手氣背、輸得慘慘慘，一家烤肉萬家香的某一家，好心勸她多少吃一點，讓運勢也可以轉一下。姨婆瞬間爆氣，開口數落對方打牌的壞習慣、拖拖拉拉等，對方不甘示弱地回應「不吃就不吃，好心被雷劈」，Home嬤見狀挺身主持公道，以長輩之姿勸雙方牌品要好。轟轟烈烈吵一輪後，晚上在澡堂就合好了。

Home嬤說：「做夥的，會吵架，感情才會好。」都這把年紀，有什麼事情不說出來，賣鴨蛋的時候都沒得說。

△那卡西、演歌

阿嬤家的門庭，是村莊裡一起料理吃飯的聚落，愛唱歌的她們也裝了家庭歌劇院，中午用餐時間岸上就會傳來〈望郎早歸〉、〈澎湖絲瓜〉等老歌，還有受過日本教育的阿嬤，及年輕時曾在風俗店工作過的姊姊會唱日語演歌。聽說當年還為了報名歌唱比賽，卯起來集體訓練，唱太難聽、還搶麥克風的會被數落呢！

然後相揪去澡堂，一天就這樣不孤單的過了。

△蹭飯的聲音

開在社區的兩間餐廳從籌備到開幕，讓漁村的姨婆們親身經歷社群網路的影響力，連高齡90的寶嬤都知道經營臉書的叫「小編」。我們也開始會用「阿嬤！伊係○○小編啦！」介紹聞香前來蹭飯的自媒體。

Home嬤：「這個是我們平常在吃的，沒什麼特別好招待。」

某編：「這個芹菜好特別喔！（嚼嚼嚼）」

寶嬤：「那個芹菜遇到鯊魚會變很軟嫩喔！你們這些年輕人不知道吧。」

某編：「喔！這個麻油雞怎麼這麼……哇，後勁很強耶阿嬤！」

船長：「我們的水比較貴啦！所以麻油雞酒都沒有加任何一滴水。」

某編：「我聽說討海人都很會喝，原來是這樣啊……（微醺貌）。」

寶嬤：「對啊！澡堂裡的溫泉不用錢，冷水要錢啊！晚上叫阿猴帶你去澡堂洗澡啦！」

猴：「確定可以自己走路去澡堂?!」

某編：「太過分了，沒有先講這個麻油雞酒這麼犯規（把不吃的魚頭放在一旁）！」

Home嬤：「小賊，我教妳怎麼吃魚頭，妳要給我一百塊喔！」

猴：「魚頭不會吃下次沒得吃（竊笑）。」

聲標
×
聲音日記

台北士林
SHILIN

喧鬧與寂靜的日常聲影

蕭芸安，音樂創作人、聲音藝術家、聲景採集人，也是一位心理學實踐者。近年於台灣各地，帶領大眾以「聆聽」培養深刻的感知與覺察，嘗試將聲音地景概念與心理學知識整合，發展出使當代人身心轉化的實踐方法。

地點 夜市尾巴 **日期** 7月18日，和世界一同聆聽世界的那一天

#1 清晨街景聲

清晨5：35的士林夜市周邊，似乎快和夜晚一樣熱鬧了，鳥群與人群漸漸出行，遠處的鄰居打開家門，準備外出。

聽來急切的車輛，快速行駛著，不知道要往何處？早起的阿姨叔叔交談著，原來是樓下早餐店的老闆娘與熟客。

在2021世界聆聽日，我在家中陽台的窗邊，錄下了士林夜市周邊的清晨聲景，為了響應台灣聲景協會「聽見台灣之晨」聆聽日活動，我在這一天，和世界一同聆聽世界，聆聽著我所居住的士林。

我一樣聽見屬於它的日常，也許有些紛雜，但卻是士林夜市周邊的個性、士林夜市周邊的氣息，也是我生活記憶中的士林。

這裡是士林大東路，我的住家周邊，離繁華的夜市已有一段距離，每當有人問起：「你家住在夜市的哪邊？」我都會說，就在夜市的尾巴，比較安靜的那一邊。

就在13年前，我們全家搬回了媽媽的故鄉，我住進了這邊，成為夜市厝邊的一份子，成為士林人。

日常中的回憶

媽媽從小就在士林長大，是土生土長的正港士林人，外公在老街上經營著一家雜貨店，規模在士林地區算得上大，雜貨店名號叫做「天寶行」，一開始開設在大西路上，後來才遷移至大北路，這是將近40年前的事了。這幾年，媽媽告訴我許多家族的故事，士林之於我，逐漸有了不同意義。

若以士林慈誠宮（媽祖廟）為聚落中心作延伸，士林廟口（夜市）周邊有著相當有趣的路名和街名：大東路、大西路、大南路、大北路；小東街、小西街、小南街、小北街。這些東西南北路與街，交織成士林夜市的商圈網絡，各自有著不同的風貌，無論是視覺的，還是聽覺的。

我不太喜歡人多的地方，即使住在夜市旁邊，卻不怎麼逛夜市，但我喜歡在上午不太熱時，或是下午接近黃昏時，在夜市裡穿梭，走走停停、看看聽聽。

大東路與大北路口的知名早餐店，從清晨營業到下午，包辦在地人的早餐、午餐到下午茶。店員宏亮的點單聲，伴隨著煎檯旁持續不斷的煎炒聲，常見到許多文化或銘傳的大學生在此內用，活潑又有朝氣的交談嬉鬧聲，這也許是白天裡，這條路上最鮮明的聲音印記。而傍晚的時間點，大南路上的廟口，攤商們陸陸續續出來擺攤，不同於夜晚的人聲鼎沸，此時正是小攤老闆們靜靜準備食材及張羅布置的時刻，不發一語的安靜神態，和稍後即將上場的叫賣架勢，也許將判若二人。

在這些街與路之中，我聽見的，是夜市，是廟口，也是老街的聲音，在這裡，聲音不僅僅是日常，也是一種回憶。

地點 大小東西南北路與街 **日期** 9月2日，某一個有點熱又不會太熱的白天

#2

#3

地點 鬼仔市 日期 9月6日，那個休市與開市之間的黃昏

每一次旅行，我總愛探索在地市場，在我採集的聲景素材庫中，市場的聲音應該佔了不少比例，每座市場都有相似的聲響模式，但以聲音的質地及內容而言，卻可能風格萬千。

士林市場的聲音恰巧是令我印象深刻的其中之一。有著「鬼仔市」別稱的士林市場，從過去就是熱鬧滾滾，攤商們白天賣菜，晚上賣小吃或雜貨，從早到晚，繁盛的商業與生活交易沒有停歇；直到現在，白天市場、晚上夜市的樣態也依舊維持著。

喧鬧與寂靜不停交替

早晨，在古蹟連棟中的士林公有市場，琳瑯滿目、任君挑選的蔬果、肉品或雜貨小吃，伴隨著每一位攤商清朗明亮的叫賣聲響，那一道道音色各異的小販嗓音，就在日治時期獨特的建築結構中以不同的角度反射彈跳著，那些聲音在以紅磚及木材為主所建造的空間場域中來回迴盪，瞬間竟有種穿越時空的異世界感，像是回到了1910年代左右的士林市街。

白天的市場休市以後，下午短暫的休息片刻，緊接著又是黃昏時即將登場的夜市攤販，在那休市與開市之間，是我最喜歡探訪的時段，得以靜靜地欣賞古蹟建築中那只有空間與存在的聲音狀態。

仔細地聽，能聽見那空無一人的市場，正獨自發出聲音，這座歷史建築散發著屬於時代的氣息，述說著屬於自己的故事，從清代、日治時期到現在，穿越百年，正是士林市街傳承下來的聲音。

#午

地點 士林官邸公園 **日期** 9月9日，剛入秋的週四午後

每個週四下午，都是我和家中小狗的獨處時光，9月剛入秋的這個週四，我們一樣來到了公園散步，即使已是秋季，下午3點多的陽光仍舊炙熱，光影將公園大片的草地切割成不同的區塊、不同的明暗濃淡。

這座公園離士林官邸的主要園區還有一小段路，幾乎是在地居民在此活動，健走、慢跑、散步，在涼椅上沉思、休息，在草地上野餐、談天、無所事事，或是也有人像我一樣，每週固定來這裡遛狗。

「聽！你有聽到鳥兒的聲音嗎？」我總是會指著樹上聲音的來源，指引著小狗跟我一起聆聽此處的聲景。

我不懂得辨認鳥聲，無法從聲音辨別出鳥兒的種類，但我喜歡欣賞牠們發出的樂音歌聲，在不同的季節、氣候、時段，公園裡經常可以聽見不同鳥類的叫聲，此起彼落、高高低低、抑揚頓挫，各種不同的聲調組合。我時常幻想，在那些頻率的背後，鳥兒此時的情緒感受是什麼？牠們和彼此對話的內容又會是什麼？鳥聲總是會給散步的我們驚喜，漫步公園好幾圈，一首由鳥兒們主唱的午後曲目，每週四下午準時為我們開演。

起風了，今天風吹樹木的聲音，顯得特別不一樣，相比夏天，此刻樹葉搖曳的聲音內斂卻輕巧，每一個當下都傳達著秋意。

風輕拂樹葉的聲音又悄悄經過耳邊，我總是可以從樹木擺動的姿態，感應到她們想傳遞的訊息，秋天真的到來了，樹這樣告訴我。

一個人、一隻狗，
我們與樹林和鳥兒的對話

聲標 × 聲音日記

雲林台西
TAIXI

聽，西岸漁村的海風與鹹腥

海口放送團隊，由水牛設計部落、芃芋藝術工作室、日一寸文化、宏得國際企業組合而成的計畫團隊。從視覺、公共空間、體驗課程、地方達人等各個角度切入地方，希望透過一系列的擾動，在台西一起尋找出各種可能。

#1 海風吹拂下的風鈴聲

地點 台西村 **日期** 6月23日

初次造訪台西，沿途注意到成山成堆的蚵殼被堆放在各種地方，遠看有點斑駁，與街上破敗的房屋形成一種奇特的和諧感。路邊隨處可見在處理蚵殼的人，有篩選蚵殼的、有替蚵殼鑽孔的、有用長長的線將它們串起來的，他們手腳俐落，快速的綁成一串串、再捆成一捆捆，等待育苗季節到來。

還沒被捆起來的，碰上風就會發出清脆響聲，輕輕搖曳的「台西風鈴」聲，被吹散在大街小巷裡。

我們循著聲音，找到了正在選蚵、替蚵殼打洞的阿嬤，只見她拿著一把鏽蝕的刀，手起刀落「咔！」將蚵殼給敲開，然後分堆放置、等待鑽孔，她一頭白髮，穿著常見的花布上衣和袖套，腳上踩著老舊的拖鞋，開口詢問才知道手腳俐落的阿嬤已經80幾歲了，做起事來卻沒有一點吃力感；她說，以前做這個的人多，現在越來越少了，她也是加減做一點，能做就是福。

沿著路，我們看見一間沒有屋頂的房子，裡面堆滿一座座蚵殼小山，「有人在嗎？」朝裡頭喊了幾聲，探出頭的是一位婦女，她皺著眉看起來很警戒的問：「有什麼事情嗎？」在我們說明來意後才放下戒心聊。從她平淡的敘述中得知，她老公中風在家需要照護，家裡的經濟重擔全壓在她身上，天還沒亮就要開始工作，中午抽空回去照顧一下老公，又得匆匆趕回來繼續加緊工作，說著說著，手上的蚵殼飛快的從一框框變成一串串，風又吹來，蚵殼相互敲擊……

聽，是台西的風鈴，串起台西的喜悅哀傷、串起台西人的認命與韌命，在海風的吹拂下迴盪清脆的聲響。

地點 海口村 **日期** 7月2日

沿著魚塭小徑走、循著風吹來的鹹鹹海水味，再往前走越過堤防，就可以看見那片海。海浪規律的打過來，與風聲一起，平靜的一如往常，卻是緊扣著台西人的主旋律。

下午一起去海邊走走吧，就如我們偶爾會去家裡附近的公園散步，台西人的公園，有著看不膩的日落和沙灘，遠遠的還能看見幾艘大船。站在堤防上感受風迎面而來，夾雜著海的氣息、夾雜著幾粒沙。有趣的是，享受海風所帶來愉悅感受的不只是人，還有幾隻海鳥張開翅膀，藉著風力定格在天空，有如被按下暫停鍵，景象十分有趣。

海風吹，鏽蝕著被閒置的房屋與工具，老街上唱片行的播放機如今只能當作擺設，「修了也沒用，很快就又鏽蝕，零件現在也找不到了……」老闆無奈的說。

海風吹，吹落了稻米花，還來不及結果就化作泥沙，老家在台西的嶼浵說：「可是大家還是不死心，還是每年都會種，最後收穫的稻穗都是空的。」

海風吹，大風使蚵苗附著不上蚵殼，收成時的蚵都是風帶不走的大小。

海風吹，「台西到了。」還沒聽到海的聲音，會先感受到海風迎接你的到來，對於離開家鄉的台西人來說，是很重要的記憶。

記錄下這裡的聲音，閉上眼，無論在哪都能重遊台西。

#2 海風吹，吹給留鄉和離鄉的人聽

地點 海口村 **日期** 7月15日

規律的、平穩的在水面上拍打，水花聲、氣泡聲、運轉的馬達聲，自有記憶以來，是魚塭該有的樣子。

頭一次造訪台西，我們開在魚塭旁的小路上，放眼望去沒有邊際的藍，不知是自己的還是天空的，就如堤防另一邊的海一樣遼闊。

魚塭與魚塭中間，被綠意盎然的走道隔開，風吹過水面激起陣陣波紋，魚塭角落的打水車運作著，規律的運轉聲消逝在風裡。每座魚塭旁都有一間小屋子，據說是用來放置設備與機器，有些屋子外型迷你簡單，有些大一些看起來還能休憩、小住幾天；沿途兜兜轉轉都是相似的風景，一個不留神，或許會迷航在這一塊塊水田。

這是很多人的兒時記憶，阿公阿 載著他們去巡魚塭，聽到打水聲、聞到海水的鹹腥味就知道快到了，下了車總是被交代不能靠水太近，不然會被風吹進水裡，於是只能撿撿旁邊人家丟棄的蛤蜊殼來玩、或是在魚塭旁的植物堆裡翻找蟲子、拔拔葉子。

他們說，長大後無論在哪裡聽見這個打水聲音，總是想到自己的家鄉，想到很久沒回家了，有點想念這熟悉的聲音、鹹腥的海水味，還有在這裡的家人。

提醒該回家的 魚塭打水聲 #3

傳遞溫度、舊的最好的放送頭

地點 台西村 **日期** 8月3日

「各位鄉親～各位長輩，這裡是……」

海口放送頭響起，熟悉的旋律環繞在大街小巷，大家紛紛放慢手上的工作、側耳傾聽，這是在台西傳遞訊息最快的方式。

熟悉的人在放送頭另一端傳遞重要訊息，要比冰冷的文字還容易讓人記住。「以前沒有手機，電話還不是家家戶戶都有的時候，鄉鎮發生什麼事都是靠這個放送頭知道的」，在社區活動中心上課的阿嬤笑著說。

努力學習新知識的長輩們，還是會忍不住抱怨幾句：螢幕太亮、聲音太小聲、字太小……還是舊的最好。

音樂響起，是廟會敲鑼打鼓的聲音，就連從外地來的我們，都停下腳步循著聲音找放送頭的位置，這才抬起頭找到安置在電線桿、在廟簷下、大樹上的擴音器，是被安排在這些地方的小驚喜。

#5

台西・曲目5

用蛤蜊敲打著生活的拍子

#4

地點 海口村 **日期** 7月18日

清脆的敲擊聲此起彼落、伴隨著水流聲，負責篩蛤蜊的叔叔阿姨們，舀起一勺勺蛤蜊，倒在篩盤上，動作俐落的將牠們分籃放好。

聽，蛤蜊落下的聲音，偶爾參雜著幾句閒聊，規律的動作像在打拍子。蛤蜊收成的時候，抽乾水的魚塭總是有大批的訪客，白鷺鷥呼朋引伴到泥巴裡享用大餐，熱熱鬧鬧的景象，是少有的魚塭風景。

聽，篩蛤蜊敲擊的聲音，為台西的生活打著拍子。

台西・曲目4

聲標 × 聲音日記

台南市區
TAINAN

巷弄中，聲音一直存在

楊欽榮，研究地方聲景與文化田調的同時，也執行視覺設計與實驗性策展專案。2015年創立「目目文創」，開始將南部地區「聲音地景」文化與創意，置入國內外產業、學術交流與實驗性跨域策展。

#1 我的祕密防空洞

地點 府前路的司法博物館 **日期** 7月30日

走在府前路上，車陣的聲響總是覆蓋九成以上的思路、想像，我逕自鑽進司法博物館的草皮與高分貝道路聲音保持距離；司法博物館常是我在府城中西區躲避高音量時的建築避難所。愛奧尼克式（Ionic Order）複合的變形柱、托次坎柱式（Tuscan Order），在視覺與觸覺上顯得格外典雅、敦厚。

特別是在今日下午5點過後，透過手掌輕觸窗下的窗台與立面，可以感受日本建築師森山松之助的材質運用，從粗糙顆粒的洗石子牆面到光滑的石磚與白灰填縫修飾，透過輕微的拍打牆面更可以聽見由上到下、由下到上洗石子牆竟有不同的高低共鳴、回饋音頻，以不同響度的聲音，扎實、空洞、輕響或低悶地發出聲響，反應了工法、溫度與不平均的內部結構。

走進大廳，除了有羅馬經典圓頂形成的深度聲場回音，也透過聽覺體驗狹長牢房關鎖門把的沉重「鏗啷！轟轟～啷」的聲音、以及坐在牢房體驗空氣壓縮後，瞬間造成輕微耳鳴與多重聲音迴盪反射，所造成的心靈壓迫感；在館內中庭有一個木柵所封住的防空洞，對著漆黑的洞呼喊了一聲吼叫，算是自己抒發情緒的祕密基地，這裡的確是一個很好聽見自己聲音、同等於無限迴盪在山嵐間的聲場。

每個人在某地都有一段特別的記憶，而我總是悄悄地將聲音記憶存在這個防空洞裡，很少和別人說呢。

地點 大天后宮旁的算命巷 **日期** 8月14日

#2 雨滴中的寂靜時刻

今天走在府城巷弄特別寂靜，我想應該是聲音地景之父——莫瑞．薛佛（R.Murray Schafer）辭世的這天，讓我回顧起六年來在府城的點滴，就像眼前不斷飄下的無聲細雨，那個水晶體有光線、有溫度也有記憶。你知道怎麼聆聽「雨」的聲音嗎？它本身是一個典雅寂靜的低調者，發聲必須透過環境載體，傳達它的情緒、語言。

在大天后宮的算命巷，等待雨落時分，站在瓦片飛簷下，「滴！滴嗒！滴滴！嗒嗒」聲音微弱卻精準地在窄巷中哼唱著，那是重力落下雨滴和地形起伏相互譜出的聲音地景，只給靜靜站在屋簷下的我聆聽，我突然想到走過五個國家、村莊發現歷史、社會與自然音的莫瑞．薛佛，大概也有這樣的寂靜時刻吧！

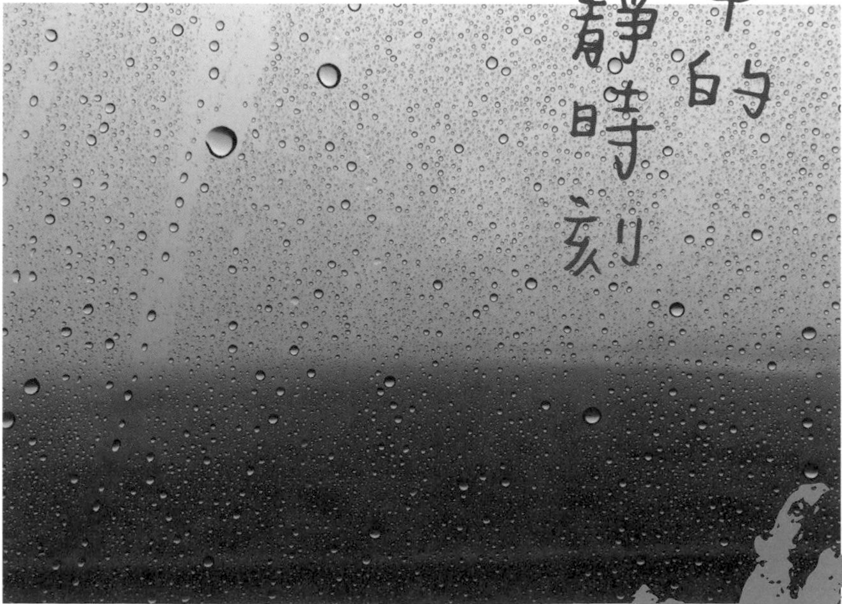

聽見小吃店裡的魔幻時刻

（攝影／林睿洋）

地點 康樂街裡的牛肉湯店 **日期** 10月1日

「咕嚕～咕嚕」魔法的湯頭總是藏在祕密後巷，那是大骨的精華，也是牛肉湯的經典。我總是會在小吃店的周邊環繞，走進後巷，穿越騎樓，然後蹲在不起眼的牆角和圍牆邊，感受小吃店的聲景與自然的溫度變化；說起來這是一種儀式，還是一種對於美食的敬畏我也不太清楚，反而是品嚐美食前，我總會透過「聆聽」，欣賞原物料到料理成品間的魔幻時刻。

前台的料理桌非常乾淨，師傅將新鮮的牛肉塊從玻璃櫥窗拿出後，以銳利刀工「兮嘶～兮嘶」發出微微聲響的同時也細切成條狀，接著碗公、大湯勺「鏘！鏘」作響被師傅熟練的拿起翻動，一個「啪達！」將鍋蓋半開後，高溫白煙立刻「呼呼～呼」竄起，再迅速的舀湯三勺「唰啦～唰啦～唰啦」地倒入碗中，剛剛好的八分滿浸泡著鮮紅的牛肉條，開始慢慢趨於粉紅熟透，撒上薑絲等佐料，同步走向客座席。

（攝影／林睿洋）

我在客座席前後開放的空間中，選了一個哐啷哐啷作響不平穩的鐵椅，注意力集中在桌上這碗入口即化的濃郁湯頭與嚼勁牛肉之餘，也將自己沉浸在空間交響曲之中：店內空間電扇聲響從上方、地面夾攻著聽覺，有時街上的機車經過，顯得吵雜刺耳，不時會有清脆如敲鐘的白鐵湯匙敲在碗上，發出如遠方鐘聲的聲響共鳴；而師傅更會用半沙啞的聲音，熱情又居家的神情，訴說著這碗牛肉湯的料理價值、食用方式，非常親切，宛如這場音樂會的聲樂家，在具有色、香、味深潤經典的感官下，道出一曲渾然天成的食物「響」宴。

#3

與聲景共存十分鐘

地點 開山路的清水寺 **日期** 3月20日

我最常在府城遊走的狀態就是：雙腳緩慢無目標行走，並手持、開啟錄音設備，用聆聽主導一場場的「聲存模式」。

今早，徒步走在平凡的開山路巷弄，偶然發現此處地下水流聲景仍「嘩嘩～哩哩～」地「活著」！廟前的汲水器發出抽水機械的聲音，猶如身旁的高大樹木一樣具有歷史，而冰涼的地下水「溜蹓～蹓」滑落地面磚片，顯得格外清脆柔順。

整個銀同社區巷弄不長，卻有著「水流觀音」的故事：相傳漂流木順著枋溪而來，由信徒刻畫觀音像參拜至今，在清朝一整面木造屋牆的陪伴下，水流觀音的傳說默默地在磚道下流竄著記憶；這是我最喜歡的聲景之一，短短的十分鐘讓自己身處歷史的過去與當代，體驗與聲景共存的當下，是一種心靈上的療癒。

冬天水道涓涓細流，夏日則潺潺流水。沒帶著收音設備、前往水流觀音老街聆聽時，我一定會成為一個蹲趴在地上的怪人，靠近看似平凡的水溝蓋，聆聽具有歷史、文化、常民與信仰的「水份」。

#5

聲音就像時光機

南方的冬天總是來得特別慢，也總是令我特別期待。

府城熱情的鳳凰花，在冬季似乎被空氣罩上一層白色霧氣；溫度降了幾度，民生綠園圓環的交通聲景也提早幾小時打烊，緩緩地走在府城冬季的夜晚，最適合從金黃光線散射的中正路、忠義路徒步，從晚餐之後到午夜時分，感受城市逐漸沉睡的聲響變化，周邊的細窄巷弄，總在午夜之後，輾轉成為跳島式祕密據點而活躍起來。

「咚咚！喵嗚～」

「估哎依～啪趴噠！」

走在巷弄的夜間，不需要過多的照明，因為這正是訓練聆聽敏感度的好時候。我聆聽著貓咪在圍牆上的跳躍聲，循著音源找到牠們在鐵皮屋上的邊緣進行午夜小組會報；也從遠方300公尺轉角處的開門、紗窗聲「聽見」了清代屋牆的建築聲，小心翼翼地踏在凹凸不平的石磚道上，每一步的摩擦聲與隨機滾出的果實脆裂聲，都引領著我前往下一個巷弄的另一條歷史。也對，「在這每一個轉角，都可能是一百年」，當我們學會透過聲音與地景的交織，也許就像時光機一樣，正踏上（聆聽）穿越過去歷史的聲響，渾然不知。

地點 城隍街 **日期** 12月22日

#4

聲標
×
聲音日記

綠島
LUDAO

屬於這座島的聲音民族誌

周心瑀，1995年出生於台北，現就讀台北藝術大學藝術跨域研究所。擅長聲音與舞動肢體創作，曾跟隨「優人神鼓」並加入青年優人，2017年舉辦擊樂獨奏會《發現》，2021年受邀「綠島人權藝術季」的聲音創作。

地點 中寮村家庭美髮 日期 7月29日

向來習慣每個月剪髮的我，在「就是愛綠島」臉書社團找到一間位在中寮村的家庭式美髮，文章裡寫著「平價」、「專業」等好評，於是這裡，成了我在綠島第一個錄製聲音的地點。

美髮店是舊式建築，黑色斜式的屋頂，以水泥瓦為底、外層用水泥加不滲水的布或是鐵皮防止漏水，白色的矮牆則以硓𥑮石作為基底，再刷上水泥油漆保護；矮牆上嵌著一扇大片的百葉塑膠窗，窗戶旁的紅色鳳梨彩球，讓我更確認，就是這間美髮店了。

我騎著不熟練的機車，停車時不小心按到喇叭，發出刺耳地「嗶——」，就這樣把美髮店的阿玲阿姨引出來，這是我們彼此的第一印象。

剪髮時，阿玲阿姨說她就讀綠島國中，畢業後就到台東實習美髮，後來在台北、台東從事美髮一職，斷斷續續做了這行將近40幾年，中間有段時間開民宿……剪刀來回細碎地嚓嚓聲，我從鏡子看著阿玲阿姨笑說「萬萬沒想過，自己最後會回來綠島。」

她說以前這一帶叫「山仔腳」，當時物資幾乎都是靠海運補充，再加上醫療不發達，受傷、感冒都只能依靠衛生所。阿玲阿姨的父親從事漁業，很早就出門工作，至於母親則是上山去砍柴，以前沒有摩托車，所以都是用大型腳踏車來載木柴。

就這樣與阿玲阿姨閒聊，讓我對過去的綠島有大致的了解與認識，後續採集聲音所訪問的對象，大多也都是她幫忙牽線。剪完頭髮後，「叮！」的一聲早期鐵皮綠色收銀機彈出，結束今日的聲音工作。

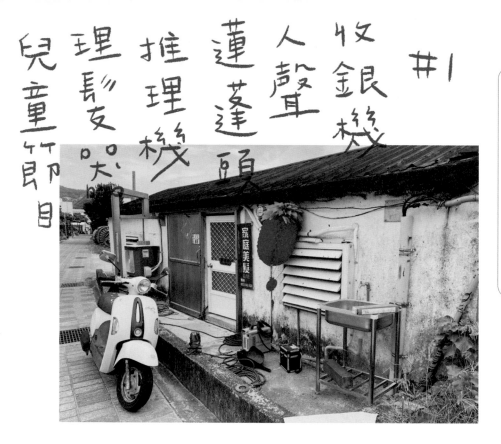

地點 中寮村春霞小吃 **日期** 8月3日

早上6點，腦袋尚未開機就騎車出發前往「春霞小吃」。一進店裡，春霞阿姨已經開始搓揉糯米糰，四腳木桌隨著來回使勁的手勢「叩叩—叩叩—」搖晃著，奮力做著在地純手工的傳統美食之一——綠島包子。

綠島包子很像台灣的「草仔粿」，傳統的綠島包子是紅色的，大多在年節時用來拜拜。由於海島關係，包子內餡也會改變，可能是豬肉或魚肉。傳統包子的做法費時費工，前一天就必須把料備好，月桃葉要洗好剪好，到了第二天清晨，便會開始搓揉糯米糰，手工搓揉就是為了讓包子皮軟Q，搓完後就會秤重分塊、包料，最後放進大蒸籠，蒸完後放涼；如果需要賣，就得把包子底下的方形月桃葉剪成圓形，好包起來給客人。

大約7點，陸陸續續有幾位阿姨進來幫忙，分為秤麵糰組與包料組，自動分散坐在自己的崗位上。阿蘭阿姨提到：「以前中寮這一帶就像是台北西門町一樣熱鬧，家裡以前是做包子、饅頭的，只要父母要做傳統包子就會休息一天，全家出動一起做。」想必，傳統包子對綠島人來說是重要的事，雖然現在較少人會做，但做包子是唯一可以讓在地人齊聚一堂的方式。

然而，在觀摩阿姨們將包子一個個放進蒸籠後，我想著如何讓文化傳承下去？又該如何面對觀光化的綠島？以及年輕人的外移，觀光化影響以及生存的問題。綠島，該是什麼樣子？該成為什麼樣子？

扌乙 剪蒸 手 油 木 麵
刀 鍋 鍊 湯 桌 糰
匙

孩童汽車玩具砧板

#4 烏門魚刀

地點 中寮村賢銘哥哥家 **日期** 8月26日

這次訪問的漁人賢銘哥哥是中寮人，17、18歲就開始跟著前輩去岸邊釣魚，通常捕回來的魚會先處理，如果冰過，魚鱗會因冰箱吸收水份黏著魚體較難處理，而且海魚市場小，大部份捕到魚都是自己吃居多。

有趣的是，因為尚未開學，賢銘哥哥的小孩也在，他們看著器材露出好奇的神情，開始詢問「姊姊，妳在做什麼？」、「妳手上的東西是什麼呀？」當下一個念頭閃過，與其說那麼多，不如讓小孩親自體驗「聆聽聲音」。

孩子們對於「聽到可以對應眼睛所看到的聲音」感到驚呼不已，他們開始嘗試用身體發出各種聲音，吐口水、大叫、嘻笑，也開始分享日常所聽到的聲音，從家裡搬出各種能發出聲響的玩具及物品，並認真詢問「姊姊，你有聽到嗎？」

從小孩的角度，「聲音」對他們而言是更日常、更生活化的，這首聲音日記我保留許多當時孩童的聲音。這就是他們真實的「日常」狀態，沒有任何顧慮的開懷大笑，甚至願意一而再、再而三的嘗試，清楚知道哪些物品可以發出聲音；而這樣的島嶼日常，非刻意營造或是被產業框住下的樣貌，那種直觀的反應與嘗試聲音的狀態，令人感到著迷。

腳踏車架、電視

綠島 · 曲目 4

#3

地點 過山古道、阿眉山 **日期** 8月6日

在台灣因疫情無法出門，到了綠島，終於能入山吸收大自然芬多精。早上7點半，與人類學系的包子姊及弟弟軒宇一同爬過山古道。

很少入山的我，今日決定採集自然聲。意想不到的是，走了這回，對於聲音多了不一樣的感受，好比身體感受到涼爽的體感，但雙耳卻聽見充滿夏日暖感的蟬聲。

聆聽聲音時，我會試著將雙眼閉起；在不受到視覺的限制下，聽覺變得更加敏銳，聲音聽久了會產生不同的想像空間。

此刻大風正吹拂過樹林，樹葉搖擺的「唰唰」聲忽大忽小，一陣又一陣，聽久了誤以為是一波波的浪聲，那是舒服且放鬆的。

路途中，偶爾聽見山羌聲，在各種動、植物聲的交疊下，如交響樂團般，自各聲部演奏出樂句，特別是從頭到尾伴隨的嘰嘰蟬聲。

對於自然聲，或許我們都該扮演好聆聽的角色，如同進入音樂廳一樣，當一位好的聽眾，剩下的只需要交給動、植物來訴說。

蟬、風、樹、鳥、蛙

綠島 · 曲目 3

地點 溫泉村英妹阿嬤家 **日期** 8月31日

這首聲音日記的故事，要回到8月1日說起。

那天早上6點，我跟著阿玲阿姨前往溫泉村替長輩們剪頭髮。由於年輕一代都外移至台灣工作，目前綠島大多數都是老年人，而溫泉村多半都是獨居老人。

溫泉村，幾乎都是古早的矮房子，不像中寮、南寮村開始蓋水泥房。居民的日常休閒幾乎都是去釣魚，除非老一輩有留下土地才會去種菜。

其中，英妹阿嬤是我訪問的長輩之一，也是這首聲音日記唱誦的編曲者。

英妹阿嬤說：「沒有瓦斯的年代，必須上山砍木柴，平日則是上山種稻、種菜，或多或少也會種番薯跟花生。當時綠島還沒有環島公路，只有泥土地，如果要從中寮到溫泉，光是爬上去就需要花費一個小時的時間，再加上沒有鞋子可以穿必須赤腳走山路，走一走還會被蜈蚣咬。如果受傷，也沒有醫院診所可以看，就只能讓它痛，痛到都可以把死掉的爸媽叫回來！」

這首聲音日記，就是她將自己上山砍柴的經驗寫成歌謠，描述年輕時得上山砍柴，後面會有幾個所謂的「臭男生」跟在後頭，因此編了這首歌驅趕那些男生。

也因為年輕時太常上山，英妹阿嬤的雙腳膝蓋都受傷；不忍她腳痛，有次我自告奮勇，清晨5點半來幫菜園除草。後來七夕那天再去拜訪阿嬤，聊著聊著阿嬤竟然笑著搥一下我的頭，剎那間意識到「原來，我跟阿嬤變熟了！」，因為那麼一搥，在離開綠島前還得到阿嬤醃製的竹筍，甚至被認作阿嬤第六個女兒呢！

因為這一個月的駐村，讓我體會到，當放下期待且接受自己是外人的角色，勇於到處去嘗試與碰撞，長時間的接觸與多次交流，總有一天，那道無法跨越的界線就會被化解。

#5 人水 唱歌 洗衣盆 火、木柴 菜刀 木瓜

文字—孫維利
攝影—Jimmy Yang

澈朗晴空的早晨，
兩位聲音的行動者——周震與范欽慧
走進陽明山第一條寂靜山徑「夢幻湖步道」。
兩人回憶起十多年前在山上偶然相遇，
雖在不同工作領域，卻因著迷於野外的真實聆聽
而意外相識、就此凝聚難得的深厚情誼。

此次難得再次聚首，
范欽慧特別選了她珍愛的路徑，
相約回到湖畔邊一起聆聽自然聲律、
展開一段知性又感性的生命對談。

聲景現場

范欽慧×周震

聽見自己、感受外界的真實聆聽

走在陽明山的寂靜山徑裡，「台灣聲景協會」創辦人范欽慧與「震．聲音」聲音設計負責人周震並肩前行，兩人總壓低聲音讓自然的聲響成為主角；范欽慧時而指著木製聲景告示牌，分享當初設計這些字句時的用意，「寂靜，是靈魂的智庫」、「湖畔餘音，聲聲入耳」、「側耳傾聽，如實靜觀」、「聆聽山巒間的波濤起伏，聽，每一座山谷都有屬於自己的歌」……，皆希望以溫柔而詩意地提醒，讓行經的人在行走時，可以靜謐聆聽、感受周遭的聲景。

錄音師其實是一個邀請者

從事聲音工作多年的兩位，來

到夢幻湖畔前，回到真實聆聽現場，談及聲音脈絡到自然野地的聲音聆聽時，已多了聲音行動者的身份與使命。這時湖裡的腹斑蛙鳴此起彼落，兩人不約而同拿起錄音設備準備收音。范欽慧說，腹斑蛙有兩個氣囊，發出的聲音像是對許願者的回應，嗝嗝嗝！（「給」的諧音）、嗷嗷嗷！（「好」的諧音），煞是可愛。在夢幻湖裡，這裡可是充滿著許多喜愛高歌的自然歌手們：腹斑蛙、台灣樹蛙、中國樹蟾、貢德氏赤蛙、台灣騷蟬、陽明山暮蟬、台灣畫眉、竹雞等，不同時間、季節，都會有驚喜的巧遇。

兩人時而靜謐聆聽、時而以極低的分貝討論。「夢幻湖在天亮的聲音層次非常豐富」，范欽慧回想起曾經有許多個夜晚，她摸黑前行來此湖畔收音，巧遇路人，順勢分享她正在錄製、所知道的生物聲音特質。「那時，我深刻感受到，原來我們在這裡只是等待；而身為錄音師，其實是一個邀請者，邀請大家來聆聽。」周震同意說，自己也很享受安靜聆聽、等待著，「我曾經到七星池工作，很想安靜坐上一整天，享受那種靜謐、不想離開。」

因為聆聽，存在一個更大的存在

兩人因2017年夢幻湖畔實境錄音的《在湖畔傾聽》作品有更深的緣份，十多年後在此共聚，似乎有許多觸動。范欽慧一邊聆聽著

蛙鳴，一邊輕聲地說著自己其實是一個聆聽聲音的流浪者——選擇在一個邊陲裡面、選擇想要聆聽的聲音。剛開始別人總會誤以為她放棄所學、躲在湖畔錄製青蛙的聲音，然而，她卻在過程中，深切感受到野地的聲音錄製，讓她重新思考生命到底是什麼。

「當我聽到這些聲音時，我好感動……原來我不需要看到牠們，我就知道自己是和這些生物在一起的。」她說，因為聆聽，她存在一個更大的存在裡，於是開始專注記錄從來不認識的物種；「這也是一個練習途徑，聽回來、知道牠是誰、然後告訴大家。」她將這份熱情分享企劃在「自然筆記」廣播節目中，結果獲得數度金鐘獎的肯定，至今她

仍覺得不可思議，「我存在的功用，就是告訴大家『牠們的存在』。」對她而言，只有告訴大家如何回去聆聽那些被遺忘的聲音，才是真正在意的事。

《在湖畔傾聽》作品中，范欽慧花一年錄製，周震協助後製混音，周震也在影像的領域裡為聲音添加了更多的真實與連結設計。像他在Podcast播放巴黎地鐵的聲音，曾經在此城市生活過的人一聽就會知道是怎樣的氣味、溫度、濕度……，「聲音迷人之處，是從聽覺裡可以捕捉到許多線索，大腦會自動去生命經驗裡重現那些環境狀態。」

從聲音中可以聽出，在地鐵月台等候較晚的車班時，有水流聲、電流聲、流浪漢的哼哼聲、老鼠跑來跑去的窸窣聲，帶領聆聽者感受到氣味、又濕又熱的氣息。「因為溫度和濕度在空氣中，對傳遞的速度和頻率造成了影響。像

聲音迷人之處，
是從聽覺裡
可以捕捉到許多線索。

當我聽到這些聲音時，
我好感動……
原來不需要看到牠們，
我就知道自己和這些生物在一起。

是平常在濕熱的空氣中，感受上聲音傳遞較慢且略為混濁。」他說，這些特質都可以運用在電影的聲音設計中，呈現更細膩的感官連結。

聲音是實景再現的感官線索

周震在Podcast節目中也分享電影《冰毒》裡，他複製了拍攝當時在窮人家裡茅草屋中的感受——在寒冬完全不擋風的屋體結構中，依然能聽見對面山丘牧童的呼喊與牛隻身上的牛鈴響聲、室內瀕死老者微弱的哀嚎與燒給祂上路用的買路財、女主角三妹的啜泣，形成不同的距離關係感受，這也強調了貧窮的身份。而當劇情進展緩慢時，身為聲音設計者的他，可以將這些小細節細膩考量進去、豐富觀影者的感受，也延長了觀影者對於緩慢節奏的承受度。

人的演化層次是為了成為更好的聆聽者。

范欽慧也補充回應，像周震為《德布西森林》從事聲音設計時，曾因劇情中山景畫面跳接、導致海拔落差太大，苦惱該如何搭配真實聲景而詢問她的建議。她認為，周震是在意真實聲音、理解不同自然環境有其聲景的聲音設計工作者；如果有更多人在意真實環境的聆聽經驗，才有機會欣賞這些聲音，進而保護聲音的權利。

聲音的聆聽並非單一聽覺線索，而是整體感官融入到大腦之中、各個感官線索融入在地環境特質後、完整再現的過程——充滿著在地性、生活環境、文化背景和長時間演進而來的層次紋理；連背後的噪音都有不同組成，甚至連城市噪音也都有它的在地性。因此，聲景有其訊息文本，也影響到電影裡收音的正確性與否，他們思考：當許多人在觀看電影、無法明白真實聲音為何時，希望能努力讓更多人明白真實聆聽的意義。

范欽慧和周震從不同的方式進入聲音脈絡、各自有走進聲音的理由，兩人皆希望藉由野地錄音、聲音教育、聲音設計，讓大家願意進入自然環境裡，「如果有人聆聽到這些，一定會有更多覺察體會，人的演化層次是為了成為更好的聆聽者。」他們站在夢幻湖畔，認為此次的相聚極其珍貴，是一種體悟、也是一種理解：「聆聽，是自我回返和自我告解的過程，會越來越聽見自己、感受外界，是一種生命哲學。」

找個安靜的地方，最大限度地依自我意志過活

一直以來我有趨水性，想往有水的地方靠近、待著。去年移居的平溪是基隆河發源地，咖啡店前的河岸不時有河風吹送。廚房有個人工開鑿的超現實活水井，聽隔壁九旬阿嬤說過去整條街的家戶會提著水桶來取水。

搬遷是去蕪存菁的過程，所憧憬的生活樣貌不總是清晰的，但在追尋的過程會留下真正重要的東西，越來越趨近理想的軸心。

文字—曾怡陵
攝影—Evan Lin

Another Life 移住者告白

告白者

王文萱

在平溪的嶺腳老屋經營「羊水」咖啡，與浪貓們一起打理店務，實行低度干預的待客之道。因愛山趨水的天性而移動，被山裡的河、咖啡，如羊水包覆的寧靜感滋養著，依隨山居流轉的季節肌理，體現個人的生活意志。

約莫在我小學的時候，母親上班前會安排我跟姊姊在書店附設的小咖啡店寫功課，我青少年時期也延續去咖啡店的習慣。我會長成什麼樣的人，跟咖啡店有很大的關係，也是將咖啡店取名為「羊水」的原因之一，呼應羊水作為人類生命最初養分的意義。

18歲離開台南到台北唸大學，新聞系畢業後當旅遊雜誌的採訪編輯。我喜歡寫字，每篇文章都傾盡心力，時常凌晨還待在辦公室，快到上班時間再回家梳洗。當時領剛入行的薪水又要支付房租，生計滿堪憂的。因為太窮跟太累，也覺得被挖空，想從事安靜、可勞動身體但讓大腦休息的工作，就找了大安森林公園附近一間自己喜歡的咖啡

想在最不干擾、不麻煩別人的狀況下，最大限度地依自己的意志營造生活。

店待著，此後幾乎就在這個領域留了下來。

我曾回台南開店，直覺要開店就要回老家開。回台南後，才發現定居跟偶爾回去是兩回事。常聽外地友人說，台南有種慢活的情懷，但對我來說，那些情懷都成了反面的樣子。我想是我很習慣台北了，大都會人有種默契，因為不想要被拖延、被干涉，所以也盡量不拖延、干涉別人。因此，雖然回台南開店也認識很多朋友，可是整個人的趨向還是想回台北。我覺得我一直以來，都想在最不干擾、不麻煩別人的狀況下，最大限度地依自己的意志營造生活。

若再挖深一些，父親出生長大的二空新村和母親住的水交社，都是台南最有規模的眷村社區，在我大學時期因都市擴張需求而拆除一空。自幼父母帶我們吃的榕樹下牛肉麵、外省小餐館也都沒能倖免。身為外省第三代，這都造成我某種對故鄉情感的斷裂和記憶的流離，也就沒有強烈的情感想落葉歸根。

開店第一年跟合夥人決定不再共同經營，而我留下來把三年租約做完。有次店休幾天北上找朋友到三貂嶺散心，正好Cafe Hytte剛開不久，還沒有太多人知道，店主比較有時間聊天，現在「與路」咖啡的老闆也在那邊當咖啡師，我就一起認識了他們，才明白原來夢想的生活和工作模式可以在青壯年階段被實現。過去其實也知道有人這樣生活，可是當下的情緒多半是羨慕，沒想過自己也能踏出那一步。

因為想離這群朋友近一點，我決定順著平溪沿線找房子。十分、平溪、菁桐等熱門的大站不在考量範圍內，因為小站的租金便宜，也保有寧靜的氛圍。第一次來嶺腳是從望古站走來的，嶺腳熱鬧的老街是在火車站的另一側，但我那次想走完整一點，就順著人跡少的斜坡走下來，下方是基隆河岸，有河風

我的人生歷程，習慣看到一條路就要去走，走到不行再說。

他們對我來說是重要的社群，彼此生活方式雖不盡相同，可是語言相近。

吹撫，心裡太喜歡了，便鎖定找這一條路的屋子。聽老人家說，這條路才是真正的老街，在礦業鐵道還沒延伸到這裡的時候，聚落是從這條路開展的。

當初發現羊水這間屋子時已經破敗，不過這是一體兩面的事，若房東勤於打理，就會像左右鄰舍那樣鋪磁磚、裝鐵門，像對開門等老屋的細節不會保留得這麼好。開始跟房東斡旋後，發現他們對租屋的認知跟城市人很不一樣，乙方並不擁有完整使用權。協調不順時，朋友建議另外找。不過在我的人生歷程，習慣看到一條路就要去走，走到不行再說。我不太會遠遠地看到問題，就另闢一條路，因此還是決定承租，繼續磨合。

現在每天晚上倒垃圾時會沿著河岸散步，河水的面貌豐富，像前陣子常有午後雷陣雨，會發出雷鳴般的吼聲，近期少雨，就轉為安靜、顏色沉綠。基隆河沿岸有很多壺穴地形，大華、三貂嶺一帶分布密集，這裡也能看到一些。

我親水的天性可以回溯到童年時期，小時候常到台南虎山國小的池塘撈蝌蚪，長大後回訪，發現池塘不見了，為我帶來滿大的衝擊。或許是需要的土地越來越多了，不管是人工或天然的水，都一點一點地被填平。我第一個

離水近的住所是在可以展望淡水河出海口的淡水小坪頂，我每天從淡水的山上騎機車到大安區上班，當時覺得可以住遠一點，可是生活的環境要是舒服的。

目前在嶺腳移動的方式是靠開車，方便採買。其實我喜歡坐火車，就這樣一路慢慢搖，沿線都是公路看不到的風景。但住山上的人本身還是要有行動能力，這邊的火車一個小時才一班，東北角雨季又長，常受氣候影響誤點或停駛，無法全然依靠火車。

住到山上後很少下山，因為考量到塞車等狀況，台北市對我來說變成是純社交的功能，與朋友相約才會進城。不過我喜歡台北市離我很近，那是一種可以隨時取用的感覺。具體來說是可以參加藝文活動或跟朋友上小酒館，我滿想念夜晚的城市。

如今若要移動，最大因素是去最近的基隆暖暖商圈採買，接著最常移動去三貂嶺。我的甜點使用「山寓」的放牧蛋，所以店休都會去拿蛋，通常也會去找其他朋友。他們對我來說是重要的社群，彼此生活方式雖不盡相同，可是語言相近。我們關注的事、對生活中需要跟不需要的認知很契合，所以在短時間內就有緊密的關係。很多我這個城市俗不知道的山上狀況也靠他們提點，很受關照。去三貂嶺都是當天往返，嶺腳的貓咪浩浩會陪我

睡，我一直感覺牠是我已故的貓遣來繼續陪伴我的，會覺得要回去照顧牠。

目前的生計全靠咖啡店維持，整間店只有我一人操持，店務滿吃重的，疫情前一直呈現體力透支的狀態。疫情一來，本想當放暑假，可是到了第二個月，就有些心慌。原本擅長做的甜點只適合內用，而麵包比較沒有運送上的限制，所以買了器材和設備，花一個月試做，推出可外送的麵包組，在疫情店休時用來補貼生計。但咖啡店於我的意義，是我提供空間，而客人自在放鬆、非常買單，彼此互不干涉，加上咖啡香飄出的瞬間，我享受的是這整個的加總。未來若被迫轉型做外帶，於我而言就是轉行了。

在嶺腳生活，會看到不少活生生的野生動物，像穿山甲、鼬獾、白鼻心，過去只能在「路殺社團」或相關報導看到照片，貓也會抓回多種生物。這裡有山有河，沒有太多人探訪，環境對我來說是滿分，特別享受雨季時客人稀落的時候，雖然這關係營收。

附近的老人家都滿照顧我的，可能擔憂我住山上沒飯吃，會走進店裡叫我去裝飯菜，吃到我都熟知每個阿姨的手藝。生活上讓我稍感困擾的，是在地那些不得志、喝酒遊蕩的青壯年。我搬來已經一年了，發現他們還是很熱衷在討論我的咖啡店，也不怕我聽到，就坐在店前邊喝酒邊講。我台語很破，但還是抓得到關鍵字，像是咖啡、有生意沒生意等等，每天都在講這些。

還有位很可愛的鄰居阿嬤，看到我要出門就會問：「小姐妳欲去佗位（tó-uī，哪裡）？」一次我

過去的遷居，是為了追尋某種生活狀態，未來若要再搬遷，就會是保護這樣的狀態。

隨口說去外雙溪，隔天開店就有客人問我這件事，說是阿嬤告訴他的。只要是出門，車子不在，也會成為鄰居聊天的話題。我可能還沒有從城市的觀念轉換過來，但若要說最想念城市的什麼，那就是誰都不管誰，鄉下地方就不是如此。獲得太多不必要的關注，會跟我想活出自己意志的這件事相衝突。

若可行，我想買下屋子。整修老屋要費很多心力，如果只是簽個三年租約就被收回，會一直處在不安定的狀態，不論是在經濟還是生活上。

過去的遷居，是為了追尋某種生活狀態，未來若要再搬遷，就會是保護這樣的狀態，因為我已經找到了。

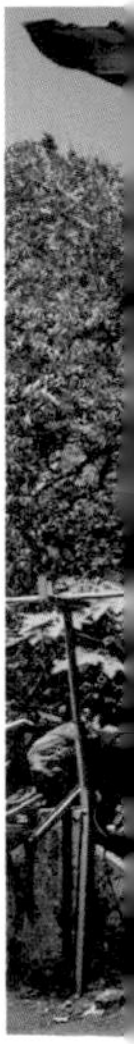

海港邊的
漁具整補場

盧昱瑞
高雄人，畢業於台南藝術大學音像紀錄所，以捕捉影像為志業。２００５年開始拍攝紀錄片，題材大多圍繞在海港生活的人，偶爾也關注老房子和文化資產等相關議題。

近日因工作關係經常移動於高屏溪出海口，某日深夜在中芸漁港觀景平台吹海風，見到一整排整齊劃一的鐵皮屋，看似像風景區一間一間的小店鋪，心想是否因鳳芸宮盛大舉行四年一科的海上媽祖巡香，已讓中芸漁港變成熱門觀光景點呢？

從極有限的回憶裡搜尋，依稀記得2013年曾遊走到這觀景平台吹海風看夜景，這裡有全島獨特的林園石化工廠夜景可觀賞，碼頭邊有哼唱著卡拉OK的黑輪香腸攤，四處隨機散落著貨櫃屋和漁網漁具，就跟傳統小漁村一樣富含濃濃海港的氣口（khuì-kháu，口氣），歌聲海聲裡飄散著烤香腸和二甲基硫醚的味道。

這些鐵皮屋所在地是中芸漁港的漁具整補場，2018年高雄海洋局爭取到前瞻基礎建設水環境改善計畫的補助，於是將這座觀景平台和整補場重新規劃改造，試圖建設出兼具優質漁港環境和觀光遊憩功能的新景點。

昔日整補場凌亂堆置的貨櫃屋和漁網漁具，改造後變成簡約俐落的現代感鐵皮屋，在ㄇ字型廣場裡規劃出48間漁具倉庫，單間漁具倉庫的格局比貨櫃屋略微寬敞，挑高的斜屋頂和不鏽鋼屋頂通風球也讓倉庫通風許多。另外，整補場改建後的廣場也比以前更寬闊，漁民整理修補漁網時應該會方便許多。在觀景平台乘涼的幾位在地伯伯說改造後環境變得很寬敞乾淨，騎車進

出堤岸釣魚也很流暢。

改造台灣河海環境的步伐似乎不能鬆懈，為了解決林園區漁港淤積和漁船泊位不足的問題，9月初緊接著是「中芸漁港漁筏泊區興建工程」動土典禮，未來二到三年後，中芸漁港的海岸景觀勢必會有很大轉變，而這也暗示著烤香腸的碳燒味會越來越淡，卡拉OK的歌聲也會越飄越弱。

看著今日眼前空曠新穎的整補場，多少還是會懷念有黑輪攤和飄撇（phiau-phiat，瀟灑）歌聲的舊日碼頭風情，還有隨處可見整補中的漁民海上勞動的謀生漁具。期待在進步現代的發展過程中，仍能保留些許海口人率性灑脫的勞動性格。

親愛的柏璋

終於在中秋節上觀霧服勤了一次，總算再次看到你寫的棣慕華鳳仙花。替代役退伍以來，回觀霧的機會從沒缺席過，但這次因為疫情，真的差點錯過花季。

隨著疫情趨緩，也終於開始在北部郊山行走，幾次都碰到美麗的紅圓翅鍬形蟲，他們橘紅色的光潤翅鞘，完全就是秋天的象徵——這種昆蟲出沒的季節，跟棣慕華鳳仙花類似，都是夏末與秋季。台灣大多數鍬形蟲都在春末到夏季活動，唯有紅圓翅鍬形蟲例外。

圓翅這個屬，大概因腹部寬圓而得名，外觀最明顯的特色是，公蟲大顎特別小，僅略大於母蟲。一般鍬形蟲公蟲碩大的大顎，在生活上沒有什麼幫助，只有競爭地盤時的打鬥能派上用場，而且還容易被天敵發現，其實是很冒險的生長投資。針對不同鍬形蟲顎型的研究顯示，同種鍬形蟲中，大顎最大的個體通常在生長季之初較容易出現，到了末期，多半剩下顎小的個體，我想大顎的優勢應只有在群體鬥爭中才容易展現，紅圓翅鍬形蟲如此小的顎型，是否也是種與世無爭的樣子呢？

紅圓翅鍬形蟲與其相近類群，其實一直是分類上難解的謎。在台灣「像紅圓翅的鍬形蟲」，過去竟有多達七個物種名，大多都稱為某某泥圓翅鍬形蟲，與紅圓翅的分別通常在腳的長短，翅鞘的光澤程度，或者身體些微的輪廓差異，從小我就感到十分苦惱。幾年前，也是在夏末的觀霧，我第一次見到了所謂的「洞口氏泥圓翅鍬形蟲」——那就像黑色版本的紅圓翅鍬形蟲，除了分布地點的線索外，說不上有太多差別。

FROM 瀚嶢 新北・新店

黃瀚嶢

生長於台北，在城市間隙發現觀察野地的樂趣，從此流連忘返。森林系畢業後，從事生態圖文創作與環境教育，經營粉專「斑光工作室」，靠著偶爾路過的靈光努力生存。

紅圓翅鍬形蟲

Neolucanus swinhoei

近年中興大學的團隊終於用DNA做了這一群昆蟲的族群遺傳研究，也仔細測量各地的標本，並用電腦綜合分析比對，結論是，台灣這群鍬形蟲在遺傳上大致分為四群，低地丘陵一群，山區一群，延平林道和阿里山則各有一群，但外觀上混淆不清，難以明確劃分物種，應該全部歸為紅圓翅鍬形蟲。

不過那篇論文幫忙整理出一個趨勢：整體而言，越往高海拔，就有越多翅鞘黑色，腳較短的個體，出現時間也越偏夏季，主要在地面活動；而丘陵地則大多是橘紅色翅鞘，腳較長的個體，出現時間偏向秋季，較擅長飛行。

論文中，台灣各地有高山的縣市，圓翅多半各型混居，紅黑交雜，但至少在北宜地區，楓紅似的紅圓翅鍬形蟲，仍準確傳達季節的訊息，秋季的橘紅翅鞘，我想其實也是種丘陵的空間符號。靜候你秋天的信息。

臺灣東北區是丘陵型紅圓翅鍬形蟲的大本營，秋季時總會被橘紅色的美麗翅鞘所點染。

親愛的瀚嶢

若說圓翅鍬形蟲是代表秋季的符號，我再認同不過。還記得8月的盧碧颱風為台灣帶來一波降雨，間接促成我們前往陽明山探訪向天蝦，那天你在步道邊發現一隻貌似剛出土的紅圓翅鍬形蟲，興奮地說從沒見過這麼早出來的個體。的確，當時還是熱到不行的8月中旬，行程中全身沒有一處不被汗水浸濕，紅圓翅怎麼這麼早現身呢？直到我回家翻農民曆，發現那天介於立秋與處暑之間，姑且算是秋季的開端，原來這隻紅圓翅只是比大部分同伴提前捎來秋天的信息呀。

最近空氣稍有涼意，戴口罩在戶外行走已經沒有那麼不適，跑了幾處新竹及苗栗的淺山丘陵，近期觀察中最值得寫下來分享的，應是栓皮櫟吧。它那大大片、似乎隨時準備轉黃的葉片，以及高掛枝端如捲髮般的橡果們，就是每年此刻最讓我熟悉的秋日印象。你可能好奇，為什麼是栓皮櫟呢？不該是最常見的青剛櫟、或被我設計成觀霧小屋展覽主角的長尾栲嗎？

選擇栓皮櫟，的確不僅因橡實是代表秋天的經典符號，背後的另一層涵義，是栓皮櫟把我在竹苗地區淺山丘陵及深山老林的秋季印象串聯在一起了。

第一次接觸栓皮櫟，大概是大學時跟保育社走的那趟霞喀羅古道賞楓之旅，果實造型只要見過一遍就忘不了。到苗栗當實習老師那年，有次與家人去了泰安溫泉，在汶水溪中央的虎山溫泉島上，發現滿滿一片栓皮櫟樹林，棵棵結實纍纍，在豔陽下閃耀於淺色的溪床上。到了觀霧當替代役，幾次行走於大鹿林道東線，栓皮櫟每每迎著陽光、挺立在曾發生崩塌的坡面上，我後來總喜歡挑角度、將栓

FROM
柏璋
新竹・新竹市

陳柏璋
熱愛山、攝影與書寫的野外咖，時常帶著相機與紙筆，在野地裡打滾整天。目前與一群好夥伴共創森之形自然教育團隊，試圖在人們心中埋下野性的種子。

皮櫟連同背後的馬達拉溪溪谷一起拍攝入鏡，用一張照片詮釋它偏愛在溪谷乾燥坡面上沐浴陽光的特質。以上這些，都是竹苗山區低到中海拔的秋日行腳記憶。

栓皮櫟出沒山間的印象早已根深蒂固，因而當我在新竹靠海的步道上看見栓皮櫟時，當下的感受是難以言喻的。這些會落葉的殼斗科植物，體內擁有溫帶植物的靈魂，理應生長在一定海拔高度的山區，因此在竹苗海濱丘陵現身是極為特殊的事情。或許跟秋冬季節乾燥強勁的九降風有關吧？

無論如何，疫情緩和時我再帶你來走這條步道吧。站在栓皮櫟隨風搖曳的著果枝條下，配上一旁店家同樣混入秋季元素的「黑白木耳湯」、吹著涼爽晚風欣賞夕陽入海，想來就是一趟完美的秋日小旅行！

栓皮櫟

Quercus variabilis

栓皮櫟的橡果造形特別，
來到新竹和苗栗，
不論海濱或深山，
都能見到這款代表秋季的符號。

滷肉飯
也有南腔北調

鄭順聰
最新出版華語散文集《夜在路的盡頭挽髮》。另有詩集《時刻表》、《黑白片中要大笑》，散文《海邊有夠熱情》、《基隆的氣味》、《台語好日子》，小說《家工廠》、《晃遊地》、《大士爺厚火氣》，繪本《仙化伯的烏金人生》。

插畫——Hui

這是上個世紀發生的事，其實也不過30年前。某北部人到南部出差，那時高鐵還沒蓋好，也非乘坐火車有鐵路便當可吃，客運漫長且波折，好不容易到站。

飢腸轆轆的北部人下了車，很快就找到了路邊攤，趕緊叫碗滷肉飯（lóo-bah-pn̄g）要慰勞旅途艱辛，嘴角舔了舔口水先喝肉羹湯，沒想到老闆將飯一端上，慘案就發生了……

二分法或三分天下

這位北部人，腦中盼望的圖像，是白飯上散布細碎肉末，要以筷子充分攪拌盈溢香味，再來大口扒吃。沒想到，在他眼前的奇觀，是連皮帶肉的三層肉（sam-tsàn-bah）。牙口不佳的他，見肉如此堅韌，整塊吃完恐怕會齒牙崩毀。

如此這般的慘劇，在不很遙遠的上個世紀，是常常發生的。不過，隨著北部某滷肉飯大開連鎖店，又被媒體封為「國飯」，大肆宣傳，年輕世代腦海中的滷肉飯圖像，南北全台漸漸統一，以致於，白飯上全都淋上肉末了。

固守傳統的南部，專稱肉燥飯（bah-sò-pn̄g）；至於一大片三層肉、甚或有長竹籤串過的，專稱炕肉飯（khòng-bah-pn̄g）；有些地方的滷肉飯，是介於兩者間的中型肉塊。

也就是，台灣的國飯有二分法，更有三分天下者。這樣的分法，大致以台中為界線，在文化城點滷肉飯，小肉塊與大肉片都有可能，得先問清楚。

然而在彰化市，此問題不大，幾乎是焢肉飯的天下。彰化人早餐吃、午餐吃、晚餐宵夜也吃，和嘉義人的火雞肉飯偏執相同。是以，白飯必定配焢肉，取豬的精粹部位，以祕方滷出珍味，要讓精湛刀法切出的珍饈，形如藝術品。

油豆腐港口型態學

同樣是豬肉，據部位還有不同稱呼，例如豬跤飯（ti-kha-pn̄g），腿庫飯（thuí-khòo-pn̄g），豬頭飯（ti-thâu-pn̄g），軟骨飯（nńg-kut-pn̄g），小排飯（sió-pâi-pn̄g）。

國飯之型態學，有時同名異物，有時同物異名，甚至在同一範圍內細分為諸般型態，這也是小吃的腔調風土學。此為島內四處走踏吃食的趣味，不僅有南北差異，外來新事物入台在地化後，在原料、烹調與稱謂上，也會有精彩的演化。

例如油豆腐，是日本傳來的做法，名為あぶらあげ，台語叫豆乾糋（tāu-kuann-tsìnn），乃油炸過的三角豆腐，卻在淡水生根且炊製浸潤為美食，取あげ台語

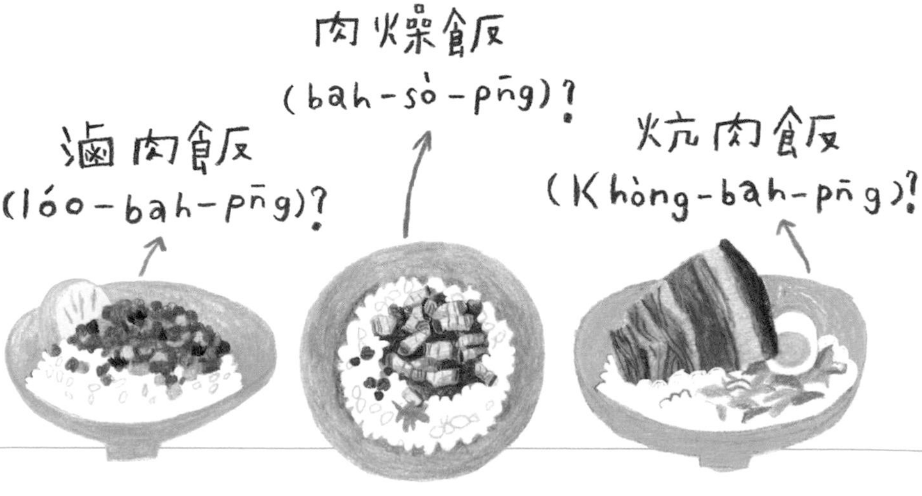

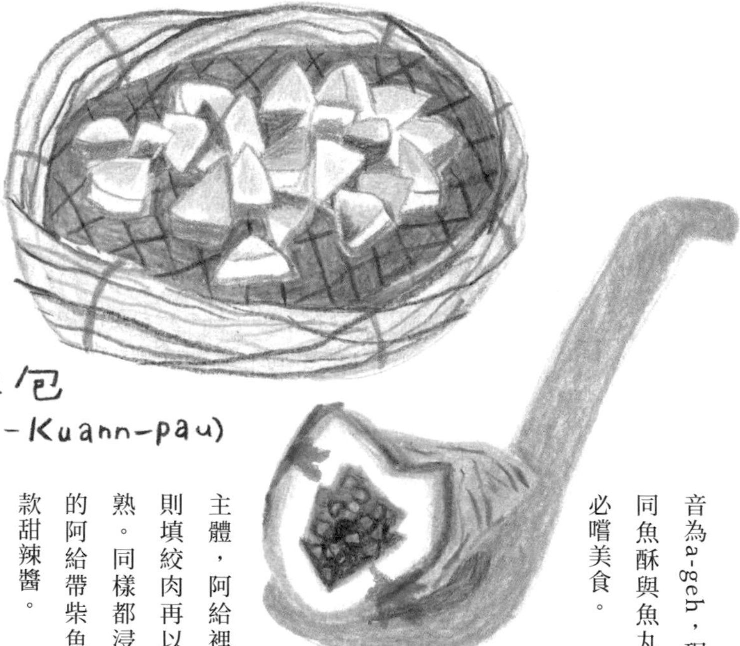

豆干包
(tāu-Kuann-pau)

音為a-geh，現在通稱為阿給，連同魚酥與魚丸，是在河岸走踏的必嚐美食。

殊不知，基隆也有喔！稱做豆干包（tāu-kuann-pau），和阿給的做法相當類似，皆以特製的油豆腐為主體，阿給裡頭塞冬粉，豆干包則填絞肉再以魚漿封口入蒸籠炊熟。同樣都浸於醬汁吃食，淡水的阿給帶柴魚味，基隆則是雨都款甜辣醬。

港口位於台灣頭，因1858年的天津條約而開港，當初淡水是正口，基隆為副口，百多年來命運大不同，卻有系出同源、順應風土歷史而發展出來的在地風味。皆台灣人的愛，都很幸福！

路邊攤上辯腔調

回到餐桌上，回到台語本身，一群剛認識的朋友去吃路邊攤，不必問你哪裡來，從你對「滷肉飯」的腦海印象，就可以大致判斷出身。

此外，台灣人吃飯非得要配碗湯，往往是肉羹湯，若說羹（kenn）乃漳州腔，大概是中南部非濱海地帶出身，也是比較普遍的優勢腔；若說羹（kinn），偏泉州腔，主要居住於北部或中南部靠海處，這是大致的地理判斷。還有還有，若講滷卵（nuī，非nn̄g），此宜蘭腔為台灣學基本常識，但也可能來自北海岸喔！沒錯，三芝、石門、金山、萬里等地，和宜蘭平原是同一腔調。

講個趣事。某次，一群朋友在路邊攤辯論，吵得面紅耳赤，就有人出來當和事佬：**恁莫閣tsìnn矣啦！**一聞此言，吵得正兇的辯論者，瞬時無言，冒出一堆黑人問號。

原來，和事佬的腔調偏泉，諍是說tsìnn，恰巧跟糋（tsìnn，炸）同音，這和偏漳普通腔的諍（tsènn），發音不同。不是要勸和別在言語上諍（tsènn），怎麼變成庖廚之事叫大家不要糋（tsìnn）？

腔調誤會泯恩仇，一陣大笑後，放下爭議，以美食共和——大吃滷肉飯、大喝肉羹湯，好好享受台式生活的逍遙自在，別再胡亂爭辯胡亂炸啦！

放下意圖，描繪地方的向前與向後

文字—Adoor Yeh　圖片提供—慢工出版

Adoor Yeh
1989年生於台灣。2013年旅居英國期間，接觸到敘事、形式與風格皆有強烈「作者性」的歐洲漫畫，開始嘗試漫畫創作。喜歡將日常的生活與感受，再融入自身的幻想或虛構劇情來表達。

請跟我們分享為何有這本書的誕生？

這本書是我過去獨立出版與在各雜誌刊出短篇的延伸，也是跟未來作品的銜接。

為何誕生，必須從2013年我的第一本小誌形式創作《Remote Island》說起；故事是描述大航海時代一位修道院士接到任務，必須前往太平洋小島傳教，從當地語言、習俗從頭學習思考，回頭看待自己生長的環境與時代。由於那時對如何虛構描寫原住民／民族，又不構成文化挪用一無所知，編劇中斷到現在未完待續。但開啟了我對台灣原住民歷史探

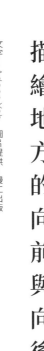

究的興趣，也接觸關於土地私有化與現代國家興起產生之深刻緊密的變遷。2018年創作了刊於《CCC創作集》中的〈這裡從未現代過〉，記錄「原轉小教室」夜宿凱道所發起的抗議行動過程，從這部非虛構漫畫展露了在台灣原住民相關漫畫中較少見、平實批判檢討政策的那一面。也是由於這一篇，讓讀者與慢工出版總編知道我對原民議題的興趣，進而經由各種牽線終於有機會跟著地方創生團隊實際進入部落見習，而非僅參考歷史文獻。

在進入部落與居民交流時，始終抱持著觀光客／外來者的心態，沒有一定非得達成什麼遠大理想、梳理血淚歷史的意圖，每趟都有新奇的發現，在這樣的自在中，看到了以前毫無經驗就無法站立的著眼點，也漸漸被各種或許對別人來說並不光彩的人事物給可愛到了。

書中故事是改編而來，能否分享如何在蒐集資料和田調素材中取捨？

在改編與取捨中，與編輯有綿密的討論，如何在不誇張、也不高潮迭起的故事中突出作者描繪的意圖，但又不武斷、不煽情地決定讀者應該如何思考，是我在意的地方。

構成故事時，雖然主要是以小篇堆疊出生活感，但又不能過於瑣碎而失焦，所以每一小段的重點，還有如何與之後篇章銜接，也是篩選和編寫情節的考量處。改編中，我也結合了許多網路、書本查詢的論文與文獻資料，由於也被片面資料騙過，這些都需要一而再、再而三查實，才小心翼翼地納入敘事範疇。如果還有疏漏，那就是作者自身閱聽篩選能力的界線了，還希望多多包涵。

這次沒有選擇跟任何歷史、植物及創生等各方學者合作，也是希望不要被專業高塔的一元觀點綁架；身為作者／導演，必須跟掌廚一樣中和每個材料特性，調配恰當火候，呈上屬於自己味道的料理。而有時找了專家反而是痛苦的開始，因為自己不是專業的，也會不好意思不使用該建議，會在創作以外的事想太多，反而耽誤作品全貌。

這是你的第一本長篇作品，與過往的短篇創作有何不同？

短篇創作時，我直接由分鏡草稿畫成完稿，這次首次挑戰長篇，從寫大綱開始就參考幾位長篇小說家的方式：先寫在便條紙上安排敘事順序，到一定程度後，在線上文件中與編輯直接討論修改。分鏡方式本來想參考水木茂的歷史漫畫中較制式的分鏡格式，編輯看了後直接說完全失去我個人的韻味，所以又改回本來較自由的創作形式，也多虧另一個人的眼睛，才能看到自己的後腦勺。

另一細節是在分鏡時，我會特別意識到故事節奏，還有篇章間的轉換，最希望達到的是沒有閱讀障礙，可以像呼吸般自然的宛轉視線。創作短篇時，可能還會故意用一些格子來打破呼吸，製造獨特的空氣，但用在長篇的話以自己的閱讀經驗會感覺很疲乏，所以盡可能達到順暢，是我分鏡思考中重要的一環。

在用色與設計方面，配合故事情節，有參考布農族原住民文化中的色票，挑出風土的顏色來勾勒線條，我的編輯也是整本書的裝幀設計張書維，對於封面字體與篇章的分隔也下了很大功夫，以故事中的

結構主幹「Pasibutbut（八部合音）」，用細節描繪出旋律、昂揚的意象。我特別喜歡的是扉頁營造的寧靜，與拿掉書衣後揭露整片山頭遠景的設計，可以更體會到是在描述人成為自然的過程。

透過這本作品希望傳達給讀者什麼想法，及自己從中獲得了什麼？

作者創作書，當然是一定有想法才會想出版，但其實最希望的是讀者不要被作者想法影響，如果看完這本，能生出自己的一套想法是最好的。

在短短的出版時間中，很多讀者給予感想，這當然讓我很高興，但最讓我感覺欣慰的是：沒有一個感想是重複的，這是因為讀者有在故事中看到自己，而我看到了讀者怎麼看身邊的人、怎麼看環境，怎麼看世界、怎麼看時代，而不單限於作者鋪陳規劃的步道。

這本作品也讓我增加很多過往無法經歷的經驗，對於怎麼與政府單位結算報告也是其一……一位從來沒有申請過長期計畫的創作者要如何順利完成繳交，是我非常頭痛的地方。

經由這樣的計畫，也讓我更清楚今後的創作軌道，但就算知道軌道，前方還是很多磨難等著。我想透過創作這作品，讓自己知道自身有多麼無知，應該就是最大的收穫。

風土繫

劇場無所不在，如生活

文字—陶維均　圖片提供—小鎮星期八

吳季娟，「藝外創意」創辦人，專長藝術製作行政、整合行銷及活動策展，是今年9至11月在花蓮文創園區舉辦的「花東原創生活節」總策展人。

吳季娟經手製作的表藝類型種類繁多，以今年作品為例，漫才組合「達康.come」、肢體表演藝術家周書毅和鄭志忠、跨域創藝團隊「狠主流多媒體」以及新成立的新媒體與肢體結合的「失序場」皆邀她入列合作。吳季娟踩穩世故與天真的細微界線，深刻理解每位藝術家的渴求和個性，權衡內外限制之後讓每位合作夥伴都能無後顧之憂專注在自己的專業上，群策協力完成每場演出。

這是她身為製作人的專業素養所在，更重要的，是她有一顆渴望讓藝術創作深入人群的心，一顆熱情打破既往框架的心，於是身為嘉義人的她接下了「花東原創生活節」策展人的位置。

她要把整座文創園區變成奇幻小鎮，而劇場無所不在。

陶維均

1984年出生台北，台灣大學戲劇學系畢，現從事工作囊括體驗設計、品牌規劃、地方創生、創意高齡及劇場編導、教學等領域。2019年創辦針對熟齡族群打造的線上廣播電台「有點熟游擊廣播電台」，累積聽眾超過千人。

別讓生活甘於一成不變，別讓生活只剩習以為常。

大概從2014年吧，我開始接觸台灣各縣市的地方藝術節策畫工作，對於把一般的生活場域轉化為藝文展演空間這件事感興趣。我給了自己一個使命，必須不斷利用各種方式去打破劇場框架，讓更多民眾能親近藝文。

這次的花東原創生活節，我把整個園區看成一座「生活的劇場」，民眾可以很自然而然遇見藝術，作品也不是突然長出來的巨大怪獸，而是在展出期間持續生長的有機創作。不只服務旅客、也在乎在地居民的感受，大家都能來到園區自在生活、互動與體驗，每次來都會有新的發現，每個人都能在這找回生活中玩耍的樂趣，別讓生活甘於一成不變，別讓生活只剩習以為常。

風土繫

嘉義成長，台北工作，吳季娟口中花蓮是有神奇魔力的地方，牽起人生種種巧合際遇。十多年前，她常與當時戀人旅遊花蓮，從市區到壽豐、吉安的山海河谷，大道小徑都有她倆足跡回憶。每訪必住的民宿老闆人緣好，總帶著她到處認識朋友，人脈一圈圈往外擴，面識或耳聞了許多花蓮的文化、藝術或社區工作者。

花蓮的神奇魔力在於因緣巧合，在於每認識一個新人就勾起一段舊人往事，每聽聞一個理想挾帶一群夢想，這些往事與夢想又在曲折朦朧裡串接過去和現在。對吳季娟來說，花蓮就是個「總有一天要來做些什麼」的地方，只是那一天尚未到來。即使慢活步調稀鬆，花蓮的天意絕不平常。

會接下這次的策展人真的是天意。最開始，花蓮縣文化局邀請豪華朗機工的林昆穎擔任11月舉辦的「花蓮城市空間藝術節」總策展，昆穎找我擔任執行統籌。

我很久以前在花蓮就聽說過現在花創園區的營運團隊「樂見」和主事者賴冠羽，知道他們努力在為花蓮發聲，便透過朋友邀約冠羽來聊「城市空間藝術節」的串聯，他們剛好正忙著籌備「花東原創生活節」，找我朋友合作，結果朋友也問我有沒有興趣共同策畫……。巧合接連發生最後碰上疫情，在沒有刻意安排下我同時接下了兩個時間重疊、也都在花蓮市中心舉辦的大型藝文節慶策畫，也瞬間讓花蓮成為僅次於台北、嘉義最熟悉的城市。

現在，每個月幾乎有一半的時間都在花蓮，每到一地場勘或開會總會想起過往和戀人、朋友在這裡的生活回憶，某種程度上也可以說我是返鄉工作吧。

花蓮就是個「總有一天要來做些什麼」的地方。

吳季娟開出的邀展名單依著她對原創生活的理解含括各式樣，包括以女性月事為主題、帶領農村阿嬤手作月事拼布畫的繪本作家吳致怡，現居台東的木雕與裝置藝術家葉海地和拉飛．邵馬，從自然取材的絲線編織藝術家陳淑燕等人；音樂方面邀請了來自花蓮的饒舌團體「沒有才能」、一群來自台灣

風土繫

各地部落青年組成的「台玖線」、台東「孩子的書屋」樂團以及透過東華大學音樂系爵士樂組老師引薦的在地爵士樂團；講座則囊括社區營造、棒羽球運動、部落編織、自然生態教育等主題，另外也開設藤編、飾品、口簧琴等傳統手工製作課程，精銳盡出組合成讓大家在小鎮裡暢快體驗的卡司，更結合花蓮在地團隊規劃的生活市集，希望所有人能自在玩耍，找到屬於自己的原創生活。

「花東原創生活節」是隸屬文化部管轄的台東生活美學館，過往幾屆雖未指明「原」字意涵，但常以「原」民文化為活動主軸；公部門對活動項目也有履約條件，必須包含幾場講座、幾場演唱會、幾場展覽……等等條列化的質量審查及考核規範。

吳季娟試圖在先決條件當中磨出新玩法，將「原」定義為「生活的原創」，每個人都能在節慶裡活出自己的原創生活；就算是對他人生活的模仿，也是努力根據自己的意識追求想要的生活。她腦中浮現文創園區成為一座獨立小鎮的想法，共同策展人王紹儒則延伸時空轉化提出「生活中多出來的一天」的概念，進而整合出《小鎮星期八》的核心精神——如果生活中突然多出一天，會想要做什麼？

只要時間對了，空間對了，人對了，奇妙的事自然發生。

去年疫情爆發之後，我開始重新思考生活的其他可能，當時腦中曾閃過一絲念頭，可以說是跟老天許願吧？希望我能有更多時間去不一樣的地方、甚至幻想著去花東做藝術節，然後老天真的應允了。

花蓮，對我來說就是一個從生活中多出來的時空，在這裡可以遇見那些已經不在但仍然很思念的人事物。所有對自己過往的投射、對已經不存在情景的嚮往，通通在花蓮交雜、融合成一塊。從沒想過花蓮會成為台北和老家嘉義之外我最熟悉的城市。各種工作或私人因素交雜，讓我和花蓮的感情始終沒斷，始終感覺到一股力量在告訴我應該做這件事，應該來策展，應該來經歷這一趟旅程。

只要時間對了，空間對了，人對了，奇妙的事自然發生。花蓮就是這樣一個地方。

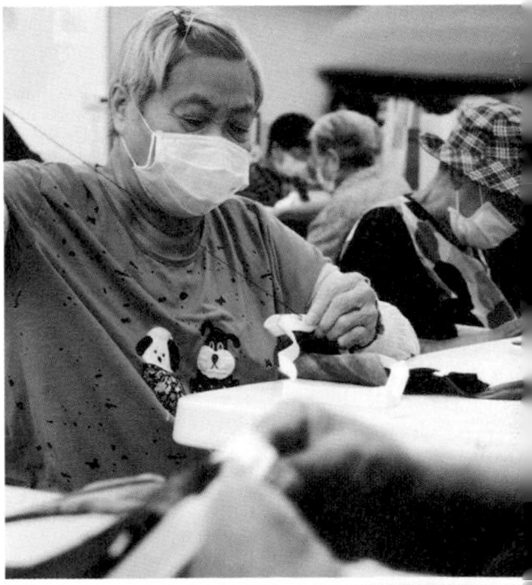

生活法則

Vol.3

少年法師的非一般日常

文字、攝影—高耀威

我在台南的巷子內，與幾個朋友合租一個空間叫做「白日夢工廠」，每月底會有幾天晚上，獨自在那邊經營一人一百元吃到飽的無菜單「寂寞食堂」。由於我稱不上擅長料理的人，食物普普通通，提供的位置也有限，來吃飯的通常是朋友，目的亦不在吃飯，更不用說享受美食，算是來聊聊天，藉著空間的居家感，自然認識同桌的新朋友，順便吃頓不需要太在意的晚餐。

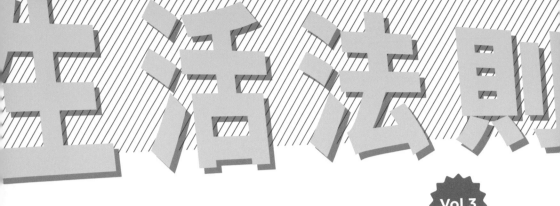

大笨蛋

淡然處在人鬼神間

有一晚兩位年輕人不知從何而來，吃飯聊天時得知是附近的國中老師兼Podcaster，經營的頻道叫做「存心堂咖啡館」，以咖啡館的氣氛閒談文藝教育及社會新鮮事，得知我要採訪民間奇人，大力推薦他們第一集的採訪嘉賓。我去看了他們的採訪影片，受訪嘉賓是一位年輕法師，主持人阿波開場詢問他的名字，法師認真淡定的回：「我是Eric～」，節目聽到最後，也知道原來Eric法師是阿波的高中同學。

約訪那天，Eric（王信立）請我Google搜尋「吉原堂」即可找到，地點位於安定區港南里，安定區在台南並非觀光區域，一般雖被認為乏善可陳，穿梭庄內卻感到自成一格的鄉村古意。我在裡頭的丁字路口角間房舍，看到「吉原堂」的招牌，上面寫著「骨刺整復塑臀整椎滑脫復位」，Eric的另一個身份是整復師，整療間在他家，法壇「仙靈壇」也在他家。他就坐在壇前的庭院泡茶，與一旁的父親聊天，我進門時看見那個讓人熟悉的畫面：L型的不鏽鋼茶几，一旁水正煮開，幾張塑膠椅圍繞，傳統菜市場的角落也會有，不過坐在中間泡茶的通常是頭髮斑白的某某協會會長或里長，28歲的法師Eric坐在那邊泡茶，給我一種世代違和感。

我回想自己28歲，是坐在辦公室把頭埋在電腦裡想

nd that's OK.

企劃，Eric則是開壇喬事、製作法器，於此同時還為受苦的人整復身體，Eric說，自己從小就能見鬼，後來父親找人幫他把陰眼封了，到了高中卻能見鬼神，於是藉著與生俱來的靈力，順應神明的指引，拜師學習，進入紅頭法師的領域。原先以為是家族世代傳承，但父親從事機車零件貿易，繼續追溯，是從曾祖父開始，除了識鬼神的體質，有一次某位老闆在中國做生意被下符咒，Eric派出天兵天將與對方隔岸鬥法，順利解決紛爭，癱瘓的身體在事情處理完後，奇蹟康復。

我一邊喝茶一邊想像「通靈王」的卡通畫面，另一個世界就在眼前。

靈魂和身體事都有解

那人家來問事，如果發現是靈魂的問題就用法，是身體的問題就整骨嗎？

我天真的聯想提問，Eric一本正經地回覆我，若不是求事者自己提議，他不會這樣給建議。會開始學習整復，是因為父親騎沙灘車飛越某個沙坑失敗?!拉傷手與背，他幫父親推拿解痛，進而至彰化北斗拜師學藝，而後以承襲之意引用師傅堂號的「吉」字，自立「吉原堂」，開始為人舒筋活化的工作。

除此之外，還自製手工皂，連草藥都是自己種的，就種在家門口的盆栽。我問他為何投入製皂，他說：「因為家人不喜歡沐浴乳滑滑的感覺」，這，不是啊，一般來說，應該會去買肥皂來替代，而不是自製皂吧！總之，談到最後，Eric已經給我一種神奇的感覺。

不可思議的生活邏輯

聽爸爸說（騎沙灘車拉傷的部位已經復原），Eric從小就愛讀書，國小三年級開始常常跑到家裡附近的圖書館借書，一天能看完一本厚厚的書，兩年就把小說區的書都看完。大學時期養狗，但不是飼養寵物犬，而是去學習

大笨蛋生活法則

高耀威

40多歲的人，著有《不正常人生超展開》一書，目前經營兩間店，一間是位於台東長濱的書店「書粥」，一間是在台南的共同工作室「白日夢工廠」，每月底會營業幾天「寂寞食堂」，持續練習另一種活下去的方法。

訓練狼犬，服務的對象有時候會是黑道?!出社會後，待過鐵工工廠，似乎相當喜歡鍛鍊技藝，在北斗學整復、在嘉義師承閭山派法師之道，到屏東學習法器製作，在家自學手工皂，這位28歲少年法師眼神很堅定，在神諭的道路上前進。

後來，他說他也有製香，我問原因，他說因為拿到一本香譜……眼前這位不可思議的年輕人，他的生存方式、順應鬼神及家人的生活邏輯，實在讓人好喜歡。結束採訪後，我想親身體驗一下他的整復技術，前陣子在長濱倒垃圾時被摩托車撞，正好讓他喬一下。神清氣爽的離開房間後，他的媽媽招呼我留下來吃飯，果然如阿波所說，問事或喬骨的人，到了用餐時間就會一起吃飯，廚房就在整復室旁，一桌素食家常菜作為今日的收尾，是Eric的日常生活。

下次再見，不知他在陰陽之道中，又將學習到什麼新的本事。

（圖片提供／王信立）

交個嘉義「南」朋友

文字—張敬業　攝影—陳妙奇

在撰寫專欄時，一直思考所謂的地方支持系統，是不是只能從「產業」的角度切入？有沒有更多面向的地方支持？以及被支持的對象有沒有跳脫地方青年、本國人的選項呢？種種對地方支持系統的想像，在今年教育部青年發展署的「青聚點」計畫，再次相遇的「越在嘉」團隊身上找到了可能性。

擺渡人　第三回

張敬業

2012年返鄉成立「鹿港囝仔文化事業」，透過社區參與的方式重新認識家鄉。2015年籌辦今秋藝術節，讓人們重新對鹿港有新的想像。近年著重地方青年培力，計畫建構返鄉及移住青年的地方支持系統。

有日常生活就有交流

「越在嘉文化棧」位在嘉義民雄郊區的番仔庄，由來自越南的阮金紅導演及台灣的蔡崇隆導演夫妻共同創辦，而兩位都是長期關注台灣社會、東南亞移民工議題的紀錄片導演。

我們來訪的午後，蔡崇隆導演與幾位蹲點田野的青年朋友，已經在門口前埕悠閒等候我們的到來。文化棧的外觀看似與鄉間農村常見的越南小吃店無異，這裡也確實提供越南料理及咖啡，不過「台越文化」的交流才是空間營運的本質。這裡的文化交流不完全是硬邦邦的講座、工作坊，很多時候是透過讓台灣與越南朋友們，一起吃飯、唱歌、聚會的方式，在日常生活中發生交集。

我想是因為阮金紅導演本身是嫁來台灣的新住民，更能同感移工與新住民姊妹在台灣生活的處境；除了文化與生活風土的不同，還有台灣人普遍對東南亞移民工的「刻板印象」，這些都是她們在台灣要面對的日常壓力。因此文化棧這幾年增加了娛樂設施，讓許多新住民姊妹在閒暇之餘來此唱歌紓壓，同時能與家鄉的朋友們在此聚會，又可以結識台灣朋友，這裡也成為東南亞移民工們的「海外之家」。

地方

撐開支持網絡的諮詢平台

蔡崇隆導演分享，他們用餐時很常有越南朋友一起加入，餐桌上太太與小孩都熟悉越語，因此自己常常在這樣的場合裡，體會到文化弱勢的感受，也更能理解東南亞移民工在台灣社會中的處境。後續成立的「聽你說」諮詢平台，就是為了提供移民工法律、醫學、心理……等免費諮詢服務，而這類需求得從文化棧的日常接觸中去發現，了解移民工在工作上與工廠老闆、看護雇主之間的不同看法；如果可以，就從中協調，如果碰上地緣人情壓力，就會委託專業的第三方來協助處理。

要了解移民工朋友在台灣的處境，「語言」絕對是搭建溝通橋樑的關鍵，在這之中，「新青年（跨國婚姻家庭的第二代）」就成為很重要的協力者。來訪當天，與我們同桌討論的就有一位台灣與中國的新青年——陳昱蓉，現在是「越在嘉」的專案人員，早期因紀錄片在網路上與蔡導認識、工作，今年就移住到嘉義、參與文化棧的工作。

除了昱蓉，還有很多「台越」、「台印」的新青年一起投入訪調工作，透過在假日的車站、街頭、夜市的訪問，了解移民工朋友

在台灣的工作與生活上的際遇。最後看是生活面或政策制度面的問題，透過「聽你說」諮詢平台來組織相關議題的倡議，或補充地方的支持網絡。

LOCAL NOTE

【成立年份】
2017年

【團隊成員】
3位

【成員分工】
阮金紅：創辦人，空間營運、外部合作接洽
蔡崇隆：創辦人，田野調查、空間庶務
陳昱蓉：專案人員，專案計畫執行

【主要業務】
空間體驗
議題探討
社區共食

【收入來源】
販售越南民藝品
越南咖啡
空間使用

【其他服務】
聽你說
（東南亞移民工諮詢平台）

提供發生交集的介面空間

1990年代開始推行的移工政策，讓台灣街頭、鄉里開始出現新鮮的面孔，從早期的菲律賓、泰國，到這幾年的越南、印尼，東南亞的文化早就環繞在生活周邊，甚至身邊也有多位同儕有著東南亞血統。東南亞文化遠比我們想像的更豐富多元，這也是豐富台灣風土的重要養分。

在「越在嘉」出入的也不完全是東南亞移民工，在我們訪談期間，村裡的農民帶著剛採收的青芒果來跟大家分享，也有幾位台灣人來找越南朋友。地方社區確實需要這樣一個介面空間，讓不同文化的大家有所交集。

為了鼓勵大家多交「南」用友，除了可以來參加文化棧舉辦的活動，或跟著一起進行街頭訪調外，也提供一些方法讓大家嘗試，例如找一間住家附近的越南或印尼小吃店常常去吃，可以特別選在假日時間去，感受完全陌生的語言氛圍，但別因此氣餒，店長、老闆娘都多少會講一點中文，一回生二回熟，從美食開始絕對是認識一個文化最好的入門。

如同我們來到「越在嘉」，哪有不喝一杯冰涼香甜的越南咖啡就離開的道理，而這絕對是讓人愛上東南亞文化的開始。

勝手姉妹鄉

姉妹郷
勝手に

地方小鎮的客廳

企劃、翻譯、文字——蔡奕屏

去年11月，因為拍攝日本福井的旅遊節目而第一次到東鄉區「微住發祥地」——佐佐木爺爺的家。當天晚上，從爺爺等級的佐佐木爺爺、到20～30歲的年輕世代、甚至5～6歲的小孩，十多人自由在廚房裡忙進忙出，一起在客廳裡開心吃飯、喝著增山先生特別訂購的台灣精釀啤酒，「這種跨世代的場景，大概只有家族聚會才有吧？」心裡既訝異又驚奇。

勝手姉妹鄉
協定宣言書
台灣「洪爸的銅鑼燒專賣店」
與日本「佐佐木爺爺家(微住發祥地)」,
基於台日友好之愛與信賴,
為增進太平洋地區的共榮,
深化兩地之鄉村共好,
宇宙間充滿希望與夢想的光明
特此簽訂「勝手姉

蔡奕屏
因為2019年開啟的日本地方設計師採訪計畫，而開始了和日本大小地方的緣分，並在最後集結成《地方設計》一書。目前續篇《地方ＯＯ》籌備中。

今年年初，透過多年前認識的農青楠暘介紹，認識了位於苗栗銅鑼鄉的洪爸和許多當地朋友。在一次視訊讀書會的機緣，才知道原來大家集合的地點日夜有著不同功能：白天是洪爸經營的銅鑼燒店鋪，晚上搖身一變成為當地朋友們聚會交流的地點。

因此這次，就決定來介紹台日方兩處明明是私人空間，但卻有著社區活動中心般公共性、既有趣又曖昧的「小鎮上的客廳」。

勝手に姉妹郷
協定宣言書
台湾の「洪さんのドラ焼き専門店」
と日本の「佐々木さんのお家（微住発祥の地）」は、
日台友好の愛と信頼に基づき、
相互の交流を図り、太平洋地域の共同繁栄を目指し、
宇宙に夢と希望に満ちあふれた明るい未来を創造するため、
「勝手な姉妹郷」を結ぶことを合意する。
台湾
苗栗県銅鑼郷
洪さんのドラ焼き専門店
日本
福井県福井市東郷地域
佐々木さんのお家（微住発祥の地）
（簽字）洪西國
（署名）東郷 佐々木敬幸
証人
日台姉妹郷の仲人 蔡奕屏 & 日台姉妹郷の助産師 董淨瑋
2021年 9 月 10 日

紀念品開箱 Unbox!

為了讓台日雙方團體認識彼此，線上會面前特別邀請兩方相互寄送紀念品。

日本方收禮代表｜佐佐木爺爺

菊花茶、樟腦油、草藥喉糖等，都是健康的天然好物！看來我可以天天開心品嚐了！

台灣方

洪爸的銅鑼燒專賣店

這是什麼地方？

來自海線沙鹿的洪爸（洪西國），20 年前因信仰的指引，落腳成為山居銅鑼人。擁有多年地方特產營銷經驗的洪爸，近年成為當地觀光協會理事長，帶著年輕人一起打造銅鑼品牌，而洪爸經營的銅鑼燒店（雙峰草堂）也成為地方聚會場所，從飯廳、活動籌備、讀書會、瑜珈課、故事工作坊、靈修空間、到音樂演出，各種可能性都由此發生。

為什麼會打開自家店鋪，成為「小鎮客廳」呢？

洪爸說，其實沒有特別要打開客廳的想法，只是常常開會辦活動人多不好找場地，這裡有茶水桌椅，自然成為聚會場所。另外因洪爸家族也管理公廟，很多信徒親友會在這裡吃飯泡茶，開始經營地方活動時，很自然習慣拉大家一起來聚會。

銅鑼燒兌換券

洪爸最自豪的銅鑼燒無法冷藏空運，因此用「預約未來」的兌換券代替，兌換期限無限，可以隨時來兌換！

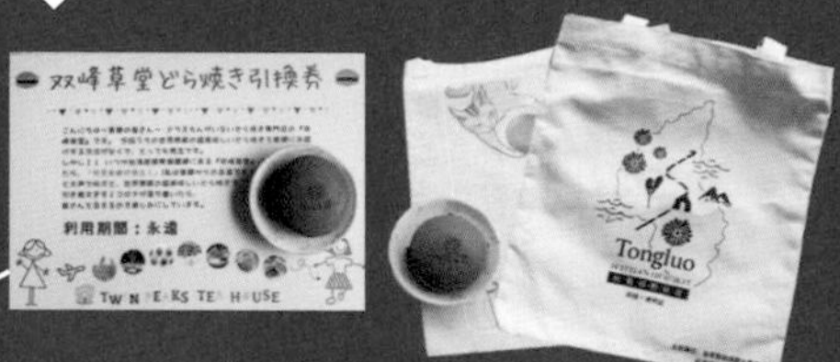

草藥喉糖

用在地草藥製成，是銅鑼鄉親對付小感冒的必備品。

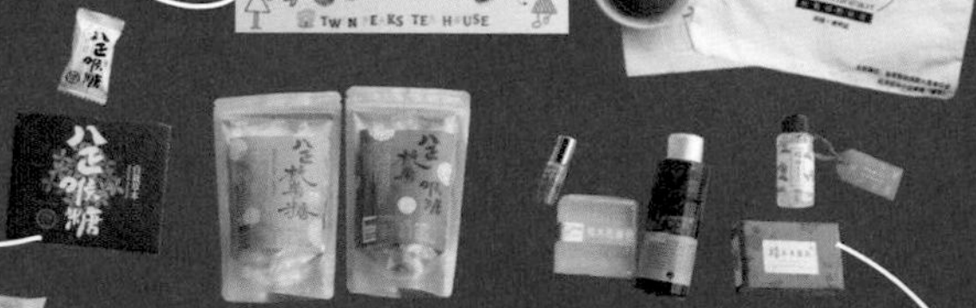

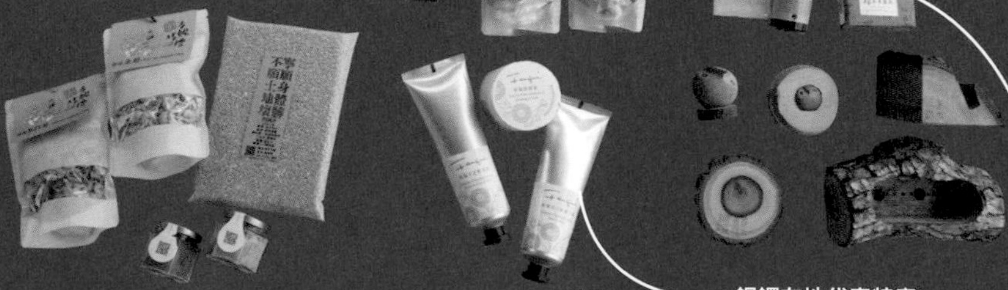

銅鑼在地代表特產

杭菊花茶、杭菊護手霜。

樟腦用品

銅鑼曾經生產世界產量第一的樟腦，所以特別選了不同種類樟腦的精油、肥皂產品。

日本方

有「微住發祥地」之稱的佐佐木爺爺家

這是什麼地方？
身兼庭園師、寺廟住持、畫家、多個地方自治組織會長的佐佐木爺爺（佐佐木教幸），因為自宅在十多前改建完成的契機，意外讓客廳成為跨越年齡與國籍的交流空間。2017年，地方的「東鄉全球化研究小組」開始定期舉辦學習會，此外，更在生活藝人田中佑典的引薦，成為台灣《秋刀魚》編輯部的「微住」編輯室，自此開始許多國際友誼的發生。
為什麼會打開自家空間，成為「小鎮客廳」呢？
佐佐木爺爺說，主要是因為自己好客的個性，也希望地方有一個大家能夠沒有壓力、輕鬆開心聚會的場地；另一部分是子女都長大在外居住、妻子也因為工作關係幾乎都在大阪，平時有點寂寞，卻也非常自由，因此可以大方打開家裡大門。

東鄉在地大叔們和音樂人一起創作的「東鄉主題曲CD」。

東鄉有關的出版品
散步地圖、四季生活小冊、微住通信、還有醞釀了「微住」概念的書籍《青花魚》。

東鄉風景資料夾
插圖是佐佐木爺爺的畫作！

東鄉主題書衣

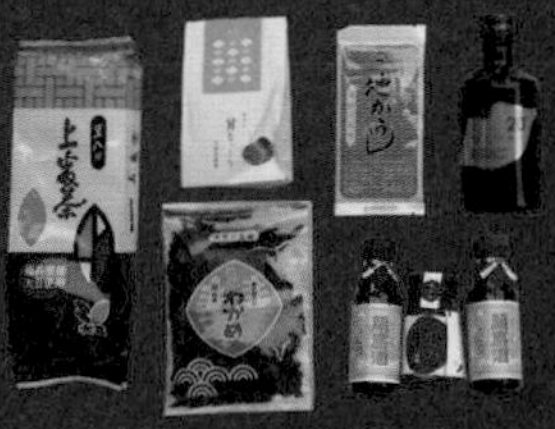

福井東鄉在地好物
豆豆上番茶、甘納豆、海帶海菜、海苔、山海膽醬、黃芥末粉、在地梅酒、東鄉秘傳藥酒蘭麝酒。

日本方補充｜東鄉案內窗口伊藤
東鄉四季生活小冊、紀念文件夾的封面圖是佐佐木先生所繪，而東鄉散步地圖、微住通信，是身兼圖書室室長和插畫創作者的友香所繪製！

日本方補充｜《青花魚》發起人田中
這本書就是以佐佐木先生家為臨時編輯部所製作的福井Guide book！內容中文日文皆有，台灣也買得到喔！

台灣方收禮代表｜洪爸
好多特色的食材！看來我們接下來可以跟東鄉一起來研發新口味的銅鑼燒了！

線上會面
Start!

Online Memo	時間	主持與翻譯	線上與談人
	2021年 8月中的 微雨之夜	姊妹鄉媒人 蔡奕屏	【台灣方】 小鎮客廳主人洪爸、銅鑼新婚女婿楠暘、銅鑼地方鄉親３人 【日本方】 小鎮客廳主人佐佐木爺爺、東鄉案內窗口伊藤桑、在地圖書室友香室長、甜點男子增山桑、生活藝人田中桑、東鄉地方鄉親３人

（見面會一開始，東鄉的大家都用「中文」簡單介紹自己的名字，和銅鑼的朋友打招呼。）

■友香：大家好，我是伊藤友香，今天由我先跟台灣的朋友介紹東鄉這個地方。那我先自我介紹，我是插畫家，我目前在東鄉經營一家圖書室，另外因為我曾經在北京學了一年中文，所以我會講一點中文。

（友香當天的介紹都用中文）

◆洪爸：哇，是中文的介紹！好奇地方圖書室是獨立書店的意思嗎？是東鄉人常去的書店嗎？

■友香：現在沒有賣書，所以不是書店是圖書室喔。另外現在因為疫情，所以東鄉的當地人比較少來，來的大多都是福井縣內其他地區的人、或是福井縣外的人。雖然東鄉的人比較少來，但是大家還是很開心地方上有一個這樣的圖書館。

媒：上次去東鄉的時候還沒有機會去，我下次一定要去拜訪！

■友香：歡迎歡迎！那我接著來介紹東鄉，東鄉是福井縣的福井市內的一個小地區，人口只有3800人左右，和銅鑼鄉比起來小很多。以前，流經東鄉的「足羽川」河帶來許多營養的土壤，因此東鄉的土就非常適合種水稻，所以就連對食物非常挑剔的福井縣民都說「東鄉的米特別好吃」。因為有很棒的水質和米，因此東鄉這裡也有三家有名的酒廠。

◆洪爸：我發現，東鄉和銅鑼有兩個地方非常相似，就是福井的水質很好、也種出非常好吃的稻米；而

銅鑼這裡，因為鄰近雙峰山，因此也有非常棒的水質，像是這裡就有三家飲料工廠，銅鑼種的米也非常好吃。像是我們這裡很特別的是，有一個叫做「阿誠」的年輕人在種植有機米之外，還開設許多用稻草編織草鞋、坐墊的工作坊，甚至也有做稻草的裝置藝術品；另外，因為我們這裡是客家莊，也有許多客家米食的文化，因此我們這裡的稻米文化可以說非常多元、也有許多可能性。

⬒伊藤：那接下來換我來介紹一下佐佐木先生家，也就是東鄉這個客廳過去的有趣回憶。對了，我大學畢業後曾經在台南市當日文老師兩年，所以我也會講一點中文喔！

⬙洪爸：怎麼大家都會講中文！太厲害了！

⬒伊藤：因為我曾經在台南教日文，所以就因為這樣的緣分，曾經企劃過台灣原住民合唱團的小朋友、和東鄉地區小朋友的交流活動，那時候，我記得佐佐木先生跟我說「妳該在東鄉出場囉」，因此我就在這樣的機緣下成立了「東鄉全球化研究會（東鄉グローバル化研究会）」，然後我們就開始在佐佐木先生家舉辦各種學習會。而我們這個研究會的小傳統是：每一次學習一定會和甜點一起組合。比如說我們第一次的活動是一起學習「對外國人來說的簡單日語（やさしい日本語）」，然後我們那天的甜點set是甜甜圈；然後有一次邀請了外國朋友來跟我們分享他們所見的日本，那天的甜點是增山先生手作的日式點心「最中」。我想，甜點的魅力就是能夠軟化現場所有人的心。

⬙洪爸：有機會一定要讓大家吃到我們家的銅鑼燒！

⬒伊藤：另外，大家知道一本中文和日文並行、介紹福井的《青花魚》這本書嗎？這本書由台灣的「秋刀魚」編輯團隊，在佐佐木先生家「微住」之後製作出來的。「微住」是田中先生提出來的概

念，意思是介於觀光和移住之間，也就是在地方上更長的停留、更體會當地的生活，也是在《青花魚》的機緣下，佐佐木先生家開始長出「微住」這樣的概念，更因緣成了「微住發祥地」，也因此，開始有來自台灣的朋友來這裡微住。像是2019年有印花樂的設計師Ama，還有我們在台北展覽時候認識的林桑，她後來帶她的朋友來微住。我們帶這些來到東鄉的朋友認識福井，他們也有所回饋，比如說Ama教我們做絹印、林桑教我們做仙草凍，像這樣不只是一方單方面的「盛情款待（おもてなし）」，而是雙方的互相交流，好像更加深了這些友情的印象。那之後也有許多台灣的朋友來微住，像是去年2月有許多台灣的創作者來、今年6月有個詩人「煮雪的人」在日本留學結束、回台灣之前來了東鄉微住，留下一首詩給我們。下次，希望就是銅鑼的朋友來東鄉微住囉，一定要來東鄉玩！同樣的，我們也期待疫情穩定後去銅鑼玩！

媒：謝謝伊藤為我們介紹東鄉「非常國際化」的客廳，那接下來要請另一端，位在台灣銅鑼的「客廳主人」洪爸來為我們介紹這頭的小鎮客廳。

◆洪爸：好的，大家好。其實，我並不是銅鑼人，我是在20年前從台中搬到銅鑼，搬來之後就一直被問說「銅鑼有沒有在賣銅鑼燒」，於是我們就開了銅鑼燒店。當然，還有另一個原因是因為身材的關係，常被說很像是哆啦A夢！

■大家：（笑）

◆洪爸：我們家的銅鑼燒食材除了日本麵粉和特殊的糖之外，其他都選用台灣的食材，因此內餡口味也都會隨著不同時節有新口味，像是每年2、3月的草莓季就會有草莓口味的銅鑼燒。

■伊藤：我們也是每次活動都一定會有「甜點」，所以對銅鑼燒也非常好奇，不知道在洪爸的店裡，推薦的銅鑼燒口味是什麼呢？

◆洪爸：我們人氣第一名的是紅豆口味，紅豆餡都是我自己親自熬煮的，煮的時間非常長，每次一煮都像是在洗三溫暖一樣；第二名是檸檬乳酪，我們是使用屏東的檸檬加入Cream Cheese裡，這是別家吃不到的口味；第三名是用屏東可可做成的巧克力口味！

■伊藤：哇，最想吃吃看檸檬乳酪口味！

◆洪爸：因為銅鑼燒無法寄去日本，所以無法給大家吃，但有機會來台灣，請一定要來！另外，我們的店除了賣銅鑼燒之外，現在也漸漸朝更多其他的功能面向發展，比如說當地觀光協會夥伴的開會，還有舉辦讀書會，像是我們第一本書讀的就是奕屏的《地方設計》，這之外最近也開始舉辦客語小教室，也有瑜伽教室。

當然也有一些吃吃喝喝的活動，比如說最近就有一位馬來西亞朋友常來，最一開始他是因為疫情關係回不了馬來西亞，然後我就邀他清明節來一起吃飯，結果越來越熟之後，他從吃飯的角色變成煮飯的大廚角色，常常來煮厲害的馬來西亞料理給大家吃。

◆楠陽：銅鑼燒店之外，我們也走出店裡、走入鎮上，像是今年3月開始，我們隔週會舉辦地方田野調查，開始訪談老街上的居民。參加的人員除了我是主揪每次一定參加之外，其他就是地方上的朋友在工作閒暇之餘會一起來。這些調查的成果我們也預計在未來舉辦展覽、音樂會等方式呈現給大家。

◆洪爸：聽說福井縣是日本47都道府縣中「幸福感」排名第一的地方，我想東鄉也是一個「非常幸福」的地方？

■佐佐木爺爺：「幸福感」是非常主觀的感受，因此我想這個問題稍微有點難回答，但是我想如果是看「這裡是不是一個讓大家能夠把想做的事、想嘗試的事在這裡實踐」這一面，我想我的回答就是非常肯定的。

◆晡陽：可以從過去在佐佐木家所舉辦的各種活動中看到，有許多跨世代的人共同參與，因此非常好奇為什麼會吸引到這麼多的年輕人？

■佐佐木爺爺：我其實也不太確定，但我想大概和「微

住」的發起人田中有很大的關係，因為田中，所以這裡開始有許多有趣的、非常有創意的年輕人來「微住」。

媒：田中也同意嗎？

■田中：嗯我想，可能是喔。

媒：看來「微住」的力量非常大呢，想問田中除了日本的微住基地之外，也有招募台灣的「微住」地點嗎？

■田中：當然有，我想肺炎疫情較穩定之後，旅行的方式一定會大幅改變，以前大家能夠買便宜的機票、隨心所欲地出國，但之後這樣的旅行方式一定會有所改變。我想許多日本人會想要體驗更認識當地的旅行，因此目前也有在招募台灣的微住地點，如果銅鑼有興趣的話，我們可以多聊聊！

◆洪爸：很棒耶！銅鑼也很有興趣！

媒：哇，好棒，這樣未來東鄉和銅鑼的朋友就能夠互相到訪、互相「微住」了！真的非常希望、也期待未來疫情穩定之後，雙方能有機會實地到訪、實際到對方的「客廳」吃銅鑼燒、還有微住！今天非常謝謝大家！

會後悄悄話……

台灣方代表｜洪爸

透過線上交流會，看到東鄉美麗的風景；透過紀念品交換，品嚐東鄉好吃的東西，讓人產生了非常想去東鄉的動力。

疫情結束之後，我們一定會帶著收到的東鄉散步地圖到東鄉和大家一起散步！而在疫情結束前，我們銅鑼有許多在地的朋友開始想一起學日文，除此之外，我也構想著要在店裡先來策劃一個「東鄉展覽」！

日本方代表｜佐佐木爺爺

線上的活動，讓我們感受到了許多新的可能性，除了交流會、語言交換之外，我還在想有沒有可能讓大家看到不同角度的東鄉，像是線上和銅鑼的朋友一起賞櫻花等。疫情結束之後，我們除了想邀請銅鑼的朋友來東鄉之外，我們也一定會去銅鑼拜訪的！

慢讀之森

臺北市圖 行動書車

| 10月書車 |
世界幻讀

現在就關注2021年書車動態
凡**按讚粉專／追蹤IG**者
即可索取專屬車模，打卡加贈療癒貼紙

10/9-10
10:00-18:00
剝皮寮
歷史街區

10/9（六）
14:00-16:00
剝皮寮歷史街區演藝廳

靖學表演工作室
小丑魔術秀
《魔法之書》

10/10（日）
14:00-16:00
剝皮寮歷史街區演藝廳

張以昕老師
一起來逛動物園
親子瑜伽工作坊

10/30-31
10:00-18:00
永樂廣場

常態活動速報

好書換換 Plus

以書會友，歡迎攜帶家中書籍到現場交換。

捕捉書車身影

拍下書車巡迴身影上傳臉書，即可參與抽獎，於每季抽出一位大獎得主獲贈Ipad乙台！

行動策展 mix尋書解謎

配合當月小書展，線上社群完整留言回答者即可獲得書車造型口罩乙組！

紙包書衣

3款開放民眾帶書，或於現場借書包書衣。

行動借閱 X 集章抽獎

下載「iRead臺北市立圖書館」，9-10月每週於書車現場手機借書成功者集1點，集滿3點贈方巾乙條，6點方巾套組！本次點數累計至10月底。

主辦單位 臺北市立圖書館 TAIPEI PUBLIC LIBRARY　執行單位 聯經出版事業公司　聯合文學雜誌　插畫 樹懶阿尼

真正的奢華─

在宜蘭，親自體驗與發現

大地孕育生命，也孕育出在地文化的美好！

文 林筱珮

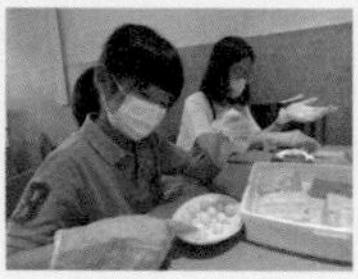

一眼望去，綠油油的稻田，幽靜的城鎮加上徐徐的微風吹拂，這是好多人對於宜蘭的美好感受。在這塊大家都說黏踢踢的宜蘭土地上，從山裡的樹木、田裡的植物、充滿奧秘的海洋及宜蘭特有天然純淨的水源等足跡，我們跟著每一位對於家鄉或這塊土地關心地職人們，透過他們的雙手及提供地體驗服務，讓我們再一次深刻感受到不同媒材的文化擦撞出的燦爛花火，現在就來一起看看今年疫下的宜蘭依舊精采不一樣。

在宜蘭文創輔導中心的陪伴下，今年的文創深度體驗實作課程我們一起到了冬山鄉的又想作木工教室。一進入眼簾的是個廣大的露營區，木藝師王宥翔因思念家鄉的美好，所以舉家返鄉定居在幽靜的冬山鄉山腳下。有豐富的木工經驗加上非常喜歡與兒童互動的宥翔，開發了以家為概念的體驗課程，讓父母與孩子、祖孫一起運用國產材台灣衫和工坊旁大樟樹的樹枝來跟大小朋友們一起做一張小凳子。

另外一家也是在冬山鄉的業者玩艸植造，透過一個美好的理念，知道人類是拒絕不了方便，索性開始認真尋找及種植也可以當作吸管的植物—蒲草，這樣方便又可以非常放心的享受一次性的便利，大概就屬玩艸植造了。當然今年文創輔導中心更是協助業者媒合找到台灣工藝美術學校的編織藝師，一起把被篩選掉的蒲草重新找到新生命，帶著民眾自己動手編織具有宜蘭風味的杯墊，因為這杯墊實在太像三星蔥餅了！大夥兒都忍不住拿在手裡示意要品嘗美食了！

往南邁進，我們來到南方澳的珊瑚法界博物館，博物館的經理賴元淵先生透過串珊瑚手鍊體驗課程，帶民眾串起南方澳在地的重要珊瑚文化與歷史。

今年的文創產業移地見學工作坊，輔導中心帶民眾一起到礁溪鄉—李十三二胡工作室。藝師和眾人講述製琴的訣竅其實就是不斷地修正，樂師也是重要的功臣，如此相輔相成的宜蘭二胡在日本是第一等必然是名不虛傳！

我們繼續帶著民眾走入宜蘭舊城區，拜訪同樣熱愛宜蘭與努力保留在地文化的職人們，何飛諭小姐因為知道自己家鄉的水質好，所以堅持把最天然美好的原味帶給民眾的飛魚食染—鹽滷豆花專賣店，還有百年中藥房廣生藥房的周東彥更是把中藥的文化內容透過抓藥籤的文創體驗活動讓民眾更了解中藥與歷史文化的背景。

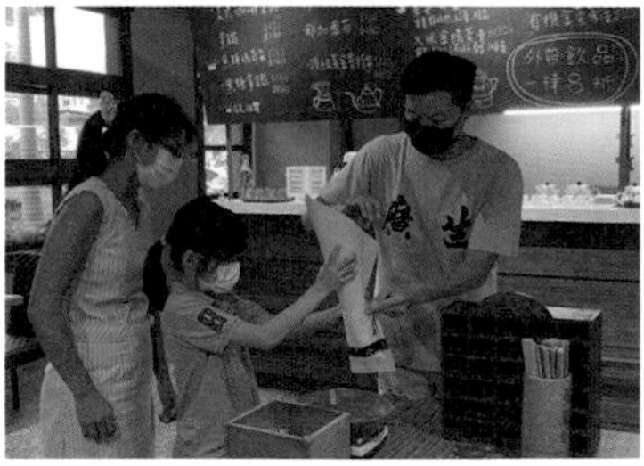

舊城區裡述說著各個在地頂尖高手的職人故事的宜蘭人故事館，我們透過深度欣賞展覽—「生活的溫度」，觀摩學習到更多的宜蘭傳統工藝、信仰和常民生活等精粹地文化，讓民眾重溫半世紀前宜蘭人的生活樣貌與記憶。

您說，真正的奢華，是不是該由您親自來體驗與發現呢？

本篇為宜蘭縣政府文化局宜蘭文創輔導中心廣告

地味手帖【08】

聲音風景——聆聽地方的不可見

主編 —————— 董淨瑋
編輯顧問 —————— 林承毅
特約行銷 —————— 魏曉恩
封面設計 —————— 廖韡
內頁設計 —————— 海流設計、mollychang.cagw.

社長 —————— 郭重興
發行人暨出版總監 —————— 曾大福
出版 —————— 裏路文化有限公司
發行 —————— 遠足文化事業股份有限公司
地址 —————— 新北市新店區民權路108-3號8樓
電話 —————— 02-2218-1417
傳真 —————— 02-2218-8057
Email —————— service@bookrep.com.tw
客服專線 —————— 0800-221-029

法律顧問 —————— 華洋國際專利商標事務所 蘇文生律師
印刷 —————— 凱林彩印股份有限公司
初版 —————— 2021年10月
定價 —————— 380元

Printed in Taiwan
著作權所有・翻印必究

特別聲明：有關本書中的言論內容，不代表本公司／出版集團的
立場及意見，由作者自行承擔文責。

聲音風景：聆聽地方的不可見/董淨瑋主編. -- 初版. –
新北市：裏路文化有限公司出版：遠足文化事業股份有限公司發行, 2021.10
面；　公分. -- (地味手帖；8)
ISBN 978-626-95181-1-1 (平裝)
334　　　110016583